文芸社セレクション

Coffee Fanatic三神の
スペシャルティコーヒー攻略本

"コーヒー・ファナティクス"（概論／焙煎／抽出）

三神 亮

MIKAMI Ryo

JN082981

文芸社

この本を亡き母に捧げる。

【まえがき】

こんにちは！ Coffee Fanatic 三神です！

この度は株式会社文芸社様から出版のお話をいただきまして文庫本の出版の運びとなりました。

私、三神亮はコーヒーの専門商社に入社した後、生豆営業、生産地訪問、品評会審査員、競技会審査員、輸入代行、焙煎コーチなど、自分でもよくわからなくなるほど（笑）多様なコーヒー業務を経験してきました。

こうした経験をもとに現在はコンサルタントとして活動を行っており、私の妻が運営するロースター＝Roast Design Coffee のブログで様々なコーヒーの情報を発信しています。

Roast Design Coffee ブログ
https://coffeefanatics.jp/

　内容は大変難解でディープ（ファナティック）なものになっていますが、コーヒーワールドの一助となるべく日々奮闘いたしております。

　今回はこういった膨大なコーヒーにまつわる情報を集約し、1つの書籍として世に出すこととなりました。

　本書は上記ブログのダイジェスト版のような位置付けになっており、様々な内容を集約した3部の構成になっています。

　最初は"スペシャルティコーヒーの概要"について……。

　その次は"焙煎"について……。

　最後に"抽出"について……。

　文庫本という事もあって、詳細に不十分なところがありますが、まともに全部盛り込むとおそらく分厚い辞典になってしまうので、何卒ご容赦ください。

　でも小さいポケットサイズなので、ぜひ"ポケット・ファナティック"として肌身離さず携帯していただければと思います。

　文字がいっぱいで文面が硬く、読みづらいかと思いますが、ぜひお付き合いいただければ幸いです。

　それでは深淵なるコーヒーの一端をのぞいてみましょう！

目　次

スペシャルティコーヒーの章

スペシャルティコーヒーとは何か？

スペシャルティ
コーヒーとは何か？

　本書はコーヒーの概論、焙煎、抽出がテーマなのですが、基本的に "Specialty Coffee"（スペシャルティコーヒー）と呼ばれる風味特性が多様なコーヒーを題材として解説していきます。

　コーヒー愛好家であれば一度は耳にした事があるかもしれない "スペシャルティコーヒー " という言葉。でも実際にどういうコーヒーが "スペシャルティ" なのか？　その意味合いについて明確な定義やイメージを持っている方はかなり少ないと思います。

　一般消費者の方にとってはまず聞いた事のない単語であり、「スペシャルティコーヒーと言うものを知っていますか？」と尋ねると大体「何かスペシャルなコーヒーなのですか？」

と逆に質問されます。

　入口を過ぎると大変興味深く、奥の深い世界ではあるのですが、いかんせん意味や概念が分かりづらいので理解しにくい点は否めません。

　実際の焙煎、抽出のお話に入る前にまず"スペシャルティコーヒー"とは何なのかを明確にしていきたいと思います。

スペシャルティコーヒーの定義？

　"スペシャルティコーヒー"と聞くと何か特別で一見すると"美味しい"、"良い"コーヒーであるように思えます。

　一般的には風味特性に優れる品質の高いコーヒーとされており、流通量もある程度限られているため品質上の区分では上位にあたります。栽培から生産処理、保管、流通に至る品質保持に関しても、通常のコモディティコーヒーに比べてかなりの手間と労力がかかっているのが特徴です。こうしたことから考えると"美味しい"、"良い"コーヒーという理解はあながち間違いではないでしょう。

・・・・・・

　しかし"美味しさ"や"良さ"は人や文化、考え方で大分変わります……。

　例えばエジプトやアラブの一部では、コーヒーの重大な欠点とされる薬品臭：フェノール臭が珍重されています。こういった嗜好のエリアでは一般的な風味のコーヒーは好まれま

せん。スペシャルティコーヒーなど、もっての外でしょう。ちなみにフェノール臭は業界一般では致命的なクレーム事案に相当します。

　さらにインスタントコーヒーであっても、缶コーヒーであっても、美味しいと思って飲んでいる当人にとっては"美味しい"物になるので、こうした主観的な視点からコーヒーの優劣や区分を行うのはなんだか難しそうです。

　それでは何をもってスペシャルティコーヒーなのか？　適切な定義とは何なのか？　それを知るためにスペシャルティコーヒーの名称が生まれた時、それがどのように言いあらわされたのか？　過去をさかのぼってみたいと思います。

スペシャルティコーヒーの誕生

　"スペシャルティコーヒー"という言葉の発生は意外と古

く、なんと40年以上前の事です。

　初めてこの名称を用いたのはアメリカでロースターを営んでいたErna Knutsen（エレナ・クヌッテン）という方で、このクヌッテン女史が1974年に Tea & Coffee Trade Journal 誌に寄稿したのが最初です（1978年のフランスで行われたコーヒー国際会議で提唱したとも言われている）。

　彼女はそこで以下のように語ったと言われています。

　"Special geographic microclimates produce beans with unique flavor profiles, which she referred to as 'specialty coffees."

　"特殊な地理的微小気候が生み出す、特徴的な風味特性を持ったコーヒー豆。彼女（クヌッテン女史）はそれを<u>スペシャルティコーヒー</u>と呼称した。"

　この文面には"美味しい"とか"良い"と言った形容詞が含まれていません。やや言葉が難しいですが要約すると、"小区画の気候が育んだ特徴的な風味のコーヒー"になります。いわゆる"小さい土地の味"という意味です。こうした土地に根ざした風味の特徴をコーヒー業界ではMicroclimate（マイクロクライメット）、もしくはTerroir（テロワール）と表現します。

　小さく細かいトレーサビリティーがあって特徴的な風味がある事がスペシャルティコーヒーの根幹である事が分かります。

　しかし、この一文だけではどのような味わいのコーヒーが

スペシャルティコーヒーなのかが分かりません。なので、実際の味覚評価を通じてどういった風味特性がスペシャルティ足りうるものなのか、対象のコーヒーがスペシャルティコーヒーと呼称されるにふさわしいかどうかを確認する必要があります。

SCA方式とCOE方式

　スペシャルティコーヒーの品質評価には大きく2つのスタンダードがあります。それがSCA方式（Specialty Coffee Association）とCOE方式（Cup of Excellence）です。この2つの評価方式のいずれかで100点満点中80点以上を得る事によってスペシャルティコーヒーと認定されます。官能評価は"カッピング"と呼ばれる抽出／テイスティング方法が用いられます。

　詳しくは触れませんが、高品質コーヒーの評価には、Cup of Excellence（ACE：Alliance for Coffee Excellenceという NGOが主導する生産各国での品評会）で使用される評価フォームが適しており、またそのように設計されています。本書では主にCOE方式を採用して話を進めていきたいと思います。

　このCOE方式の評価フォームはCOE Cupping Form（COEカッピング・フォーム）呼ばれており、配点には以下の8項目が挙げられています。

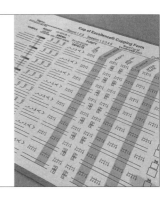

COE Cupping Form

Clean Cup
Sweetness
Acidity
Mouthfeel
Flavor
Aftertaste
Balance
Overall

・Clean Cup　（クリーンカップ：透明性）
・Sweetness　（スイートネス：甘味）
・Acidity　　（アシディティ：酸味の質）
・Mouthfeel　（マウスフィール：触感の質）
・Flavor　　　（フレーバー：風味）
・Aftertaste　（アフターテイスト：後味の余韻）
・Balance　　（バランス：バランス）
・Overall　　（オーバーオール：総合評価）

　"Clean Cup"はコーヒーの透明性を確認する項目です。欠点（フェノール臭や発酵、カビ等）と汚れ（草臭、藁臭、異味等）がない事が求められています。

　"Sweetness"はコーヒーの甘味の印象に関わる要素を確認する項目です。熟度の高い状態で収穫されたコーヒーの甘さが存在する事が求められています。

"Acidity"はコーヒーの酸味の質を確認する項目です。コーヒーに明るさを与え、生き生きとした活力と芯のある酸味が求められています。

"Mouthfeel"はコーヒーの粘性によってもたらされる触感を確認する項目です。不快な刺激がない触感が求められています。

"Flavor"はコーヒーの味と香りの融合である風味を確認する項目です。"マイクロクライメット"あるいは"テロワール"と呼ばれる地理的微小気候が育む、特徴的な風味がある事が求められています。

"Aftertaste"はコーヒーを飲み込んだ後の余韻を確認する項目です。阻害要因がなくて後味が長く風味の余韻を保っている事が求められています。

"Balance"は上記のコーヒーの評価項目（Clean Cup ～ Aftertaste）の間にハーモニーがあるかを確認する項目です。各項目の印象がお互いに補完し合い協調して高め合っている、もしくは、対比となって特徴が鮮明に表れる構成になっている事が求められています。

"Overall"は上記の各評価項目以外で感じられた印象を確認する項目です。ワクワクするような複雑さがあるか？　シンプルだが素晴らしいコーヒーなのか？　コーヒーカッパーの

嗜好を反映してもよい項目です。

・・・・・・・・

　以上の8項目総合で80点以上を得る事ができればスペシャルティコーヒーと呼ぶに適した品質を持ち合わせている事が認定されます。

ヒエラルキー

ヒエラルキー

90点以上（Top of Top）
87点以上（Top Specialty）
84点以上（Exemplary Specialty）
80点以上（Basic Specialty）

・・・・・・・・

80点未満（High Commercial/Premium）
点数対象外（Commercial）

日本国内消費量の11%程度が、
"スペシャルティコーヒー"だと言われている

- ・90点以上　　（Top of Top）
- ・87点以上　　（Top Specialty）
- ・84点以上　　（Exemplary Specialty）
- ・80点以上　　（Basic Specialty）
- ・80点未満　　（High Commercial ／ Premium）
- ・点数対象外（Commercial）

　スペシャルティコーヒーの品質区分においては様々な考え方がありますが、一例として上記のような序列をあげてみました。

　90点以上は類まれかつ賞賛に値するコーヒーにあたります。87点以上は生産国を代表する素晴らしい品質を持つコーヒーです（現在のCOE入賞得点）。84点以上は旧COEの認定レベルであり、Exemplary（イグザンプラリー：模範的）と呼ばれる、スペシャルティコーヒーの模範となるべき品質をあらわすコーヒーです。80点以上は一般的なスペシャルティコーヒーとして認知される品質です。

　なお70点台後半がハイコマーシャル／プレミアムと言われる一般品上級品質です。これ以下の点数付けは不可能ではないですが、コマーシャルと言われるコモディティ品には原則点数化は行いません。点数化はあくまで品質の高いコーヒーをより細かく精査するためにあって、低級品質を細かく序列する意味がないからです。

ディファレンシャルとアウトライト

　石油に次いで世界で2番目に取引量が多いコモディティ

（商品）はなんとコーヒーです。アラビカコーヒーの取引は
アメリカのニューヨーク商品先物市場が基準マーケットであ
り、ロブスタコーヒーの取引はロンドン市場が基準となって
います。

　歴史的にアラビカコーヒーを最も多く消費してきた国は北
米のアメリカ合衆国で、最も多く生産してきた国は南米のブ
ラジルです。もちろん各消費国で穀物取引所があってコー
ヒーが取引されていますが、世界的に見てアラビカコーヒー
の重要な市場は取引量の最も多い北米大陸で形成されました。

　アメリカ合衆国でのアラビカコーヒーの取引はニューヨー
クにある Intercontinental Exchange（ICE）で行われており、
この商品先物市場（Futures: フューチャーズ）において形成
された価格がいわゆる“ニューヨーク相場価格”にあたりま
す。世界中のアラビカコーヒーの取引は流通量が最も多いア
メリカ合衆国の、このニューヨーク商品先物市場（相場）を
根拠とした価格設定を行っています。

　コーヒーは農作物であるため、その年の出来不出来によっ
て価格や収穫量が変動するリスクがあります。しかし、あら
かじめ取引の価格と量を取り決めた成約を行えば、売り手も
販売に必要な数量が分かるし、買い手も将来必要になる数量
を確保できるので、お互いに安定した取引ができます。こう
した将来における受け渡しの取引を前もって行うことを“先
物取引”と言います。

　先物取引では実際の貨物の受け渡しの前に売り手買い手の
間で売買契約を結びますがこの時、将来の受け渡し時点の
ニューヨーク相場価格を元値にして、特定の値差を加算して
値決めする取引を Differential（ディファレンシャル）と言い、

売り手買い手が互いに合意した価格で値決めする取引を
Outright（アウトライト）と言います。

　各取引形態の詳細や反対売買などのメカニズムについては、
本稿の趣旨から外れてしまうので下記のように概要のみを解
説したいと思います。

Differential と Outright

Differential

- 将来の受け渡し時（限月）のニューヨーク相場
  価格に値差を加算した価格で取引する
- Price to be Fixed：契約時に決済価格が決まっ
  ていない
- "反対売買"を用いたHedge（ヘッジ：保険）を
  行うことがある
- 主にコマーシャル（コモディティ）コーヒーが
  対象の取引

Outright

- 売り手と買い手で合意した価格で取引する
- Fixed Price：契約時に決済価格が決まっている
- "反対売買"を用いたHedgeを行わない
- 主にプレミアムコーヒー、スペシャルティコー
  ヒーが対象の取引

【Differential】
・将来の受け渡し時点（限月）のニューヨーク相場価格を
　根拠とし、これに値差（ディファレンシャル）を加算し
　た価格で取引する（Price to be Fixed：決済時の価格が
　決まっていない）
・先物契約において将来に発生しうる利益を放棄、または
　損失を補填する"反対売買"を用いたHedge（ヘッジ：
　保険）を行うことがある
・主にコマーシャル（コモディティ）コーヒーが対象

【Outright】
・売り手と買い手で合意した価格で取引する（Fixed
　Price：決済時の価格が決まっている）
・"反対売買"を用いたHedgeを行わない
・主にプレミアムコーヒー、スペシャルティコーヒーが対
　象

　日常生活でもそうですが、相場価格はその商品の価格形成
の根拠として用いられます。例えば近隣の複数のスーパーで
一般的な品質のトマトが一個￥100で売られているとします。
しかし一軒だけ別のスーパーが同じ品質のトマトを一個
￥150で売っていた場合、消費者から見るとトマト一個＝
￥100が妥当な価格（相場価格）であり、一個＝￥150は割
高であるように感じられるでしょう。一方で品質や価値が高
いトマトの場合には品質相当の値差が加算されて、一個あた
り￥150や￥200と言ったように、価値に応じて値差が
＋￥50、＋￥100と上昇していくのは自然であるように感じ

られます。このようにベースとなる相場価格に値差を加算した価格での取引は"ディファレンシャル取引"になります。

　コーヒーの場合は土日祝をのぞく平日に取引が行われており、ニューヨーク相場では日々相場価格が変動しています。先物取引は実際の受け渡しの前に売買契約を結びますが、ディファレンシャル取引の場合は将来の受け渡しの時点で相場価格が低迷していると、せっかく値差を上乗せしていても、全体の価格が下がることで利益が圧迫されてしまいます。よってディファレンシャル取引では将来の相場価格変動を相殺する"反対売買"を行使することがあります。

＊反対売買（Hedge：ヘッジ／保険）：貨物の受け渡しを伴わない真逆の
　　取引（買いなら売り、売りなら買い）をニューヨークの先物市場で建
　　てて、そこで発生した損益を、実際の受け渡しを伴う取引で生じた損
　　益に補塡して相場価格の変動分を相殺する取引のこと

・・・・・・

　上記のようにディファレンシャル取引は将来の価格変動に翻弄されてしまうため、あえて先の相場価格に紐づけを行わず、実際に発生したコストや妥当と思われる利益を加算して価格形成することがあります。このように売り手と買い手が合意した価格で行われる取引は"アウトライト取引"になります。

　アウトライト取引ではあらかじめ受け渡しの価格を確定させて将来の値動きを回避するのですが、例えば、受け渡し時に相場価格が低迷していると買い手は割高で買ったことに

なって売り手は得をし、逆に高騰していると今度は売り手が割安で売ったことになって買い手が得をするという側面があります。

スペシャルティコーヒーにおいては品質に見合った対価を得るべきという概念があるので、アウトライト取引が一般的です。しかしながらニューヨーク相場価格が急騰してスペシャルティコーヒーの価格に近づく場合には、やはり付加価値分の利益を得たいという心理が働くため、実際の値決めにおいては潜在的に成約時のニューヨーク相場価格に連動しているとも言えます。よって、スペシャルティコーヒーの価格も相場価格に付加価値相当の**ディファレンシャルが加算されている**という見方ができます。なおこうした付加価値商品に加算される値差は"Premium（プレミアム：割増金）"と言う言葉に言い換えられます。

スペシャルティコーヒーを重視するロースターの中には相場価格連動型のディファレンシャル取引に否定的な言及がなされることがありますが、せっかくコストを掛けてスペシャルティグレードを生産しても買い手がつかない場合には、輸出規格相当のグレードに価値を落として販売するしかありません。相場は反対売買以外にもこういった売り買いの選択肢や流動性を提供しているため、かなり重要な役割を担っています。

さらに言及すると、相場価格が高騰している局面では無理にスペシャルティグレードを生産せずに、ほどほどの品質のコーヒーをその場で多く売ってしまった方が、換金速度が速くてコストがかからず、リーズナブルである場合があります。

このようにディファレンシャル取引、アウトライト取引は

共にメリット、デメリットがあり、それぞれシーンや目的において利用されています。

ダイレクトトレード？

　スペシャルティコーヒーを扱うロースター（焙煎業者）の中には、流通の一形態である"Direct Trade（ダイレクトトレード：直接取引）"を標榜するところがあります。

　この"ダイレクトトレード"は昨今言われ始めた近年のコーヒームーブメントである"サードウエイブ：第三の波"の特徴の一つととらえる人もおり、生産者とのより密接な関係をアピールするロースターが増えてきました。

　中間流通を排した直接取引は生産者に対する利益還元性がより高いとされ、特に欧米諸国では上位のフェアトレード（公正取引）とみる向きもあります。しかし、こうした一見キャッチーな用語がもてはやされる中で、実際のコーヒーの流通を理解している消費者はほとんどいないのではないでしょうか？

　ここでの一番の誤解は、コーヒーを**"生産者から直接購入する"**という認識が実は誤りであるという事です。正しくは"輸出業者から購入する"です。

　もちろんある程度の規模があったり、法人化している農園の場合は輸出業者を兼ねる事がありますが、いわゆる小規模農園の生産量が少ないコーヒーに関しては、生産者は直接輸入者＝購入者（バイヤー）に販売する事はできません。

　多くの生産国にとって輸出作物であるコーヒーは重要な外

貨獲得資源です。輸出にあたっては免許の取得が必要とされ、政府の管理下に置かれる事が一般的です。なので、生産者は輸出業者にロットを販売、もしくは委託販売し、出港前の最後の精選／グレーディングを行う"ドライミル精製"や輸出における事務／雑務等を代行してもらっています。

　勝手に売ってはいけないのです。……と言うより売れないのです。

　例えばブルンジのように政府が厳しい国では、まず輸出するにあたって政府に輸出申請して、デポジットを払う必要があります。透明性のある入出金を行わないと輸出免許が停止されたり、剥奪されたりします。基本的にどの国でもライセンスをもった輸出業者でないと海外へ販売できません。

　また各農園には紐付きの輸出業者がいるので、いきなり農園に行って「買いたい」と言うと迷惑になります。まずその農園を担当する輸出業者とコンタクトをとって、仲介してくれるかどうかを確認しないといけません。さらに日本に販売実績のない輸出業者であれば、日本の輸入に際して必要な書類を準備してもらい、残留農薬基準等を理解してもらう必要があります。

　日本の場合、一番の障壁は"残留農薬"です。小さい生産者は日本の禁止農薬や商習慣など知る由もありません。輸出業者や農協の指導やサポートがなければ分かりようもないし売りようもないのです。

　輸出業者はコーヒーを生産者達から集め、商社やロースターにサンプルを送ってオファーします。輸出業者が生産者達の代行としてマーケティングと営業活動を行います。しかし、輸出業者もコマーシャルを主に扱うところ、スペシャル

ティの扱いに力を入れているところなど色々違いがあります。

　よって、どういった輸出業者と付き合うかはバイヤーである輸入者にとっても、コーヒーの販売を委託する生産者にとっても重要な事項になります。

　それでは商社やロースター等の輸入者は一体誰に対して支払っているのか……？

・・・・・・・

　その答えは**"輸出業者"**です。

　輸入者（商社、ロースター、輸入業者等）は該当国の輸出業者に対してコーヒーの代金を払っています。貿易において一般的な条件であるFOB価格（Free on Board：本船渡し条件）は輸出直前の価格をあらわし、貨物の船積みまでなされた状態での価格提示になります（FOTやCFR等、その他の価格条件の場合もある）。

　またコーヒーの取引は国際通貨である"＄／ドル"で行われますが、ここも重要です。

　例えば日本にいる我々は"円"で生活しているので、銀行口座の預金や、会社からの給料、会社の経費などは当たり前ですが円になります。しかしこれが突然"ドル"で振り込まれたらどうでしょうか？　日本国内で円に換金しなければ使用できませんが、それ以前に外為に対応した口座でないと振り込めません。

　これと同じで、例えばコロンビアの山奥の3ha位の生産者が外為の銀行口座を持っているケースはほとんどないでしょう（中米のいくつかの国はドルを国内通貨として使用してい

る）。国内の通貨で支払ってもらわないと困る訳です。

　よって、輸入者は代金を直接生産者に支払うことができません。生産者は輸出業者に国内通貨に換金してもらって支払いを受ける必要があります。

　またこうした生産者への支払いに関してもスペシャルティコーヒーの場合、通常はコーヒーが売れてから（入金がされてから）の支払いになりますが、コマーシャル（一般品：相場連動型コーヒー）だと在庫として輸出業者が生産者から先にコーヒーを購入する場合もあります。

　換金速度が異なるので、いくら利益が高くてもキャッシュフローが回らないと、生産者は生活が成り立ちません。こうしたクレジットラインも輸出業者や地元の農協が提供しているのです。

・・・・・・・

ではダイレクトトレードとは一体何なのか？

　上記の通り、輸出業者を兼ねる生産者でなければ生産者に直接支払う事ができません。この点においてはスペシャルティもコマーシャルも同じです。では何をもって"ダイレクトトレード"なのか？　ここで輸入のパターンをいくつか見てみます。

コーヒー輸入のパターン

商社が輸入
- 商社が生産国の**輸出業者に対して**支払い

ロースターが輸入
- ロースターが生産国の**輸出業者に対して**支払い
- 又は、商社に代行輸入を依頼⇒商社が**輸出業者に対して**支払い

輸入業者（ブローカー等）が輸入
- 輸入業者が生産国の**輸出業者に対して**支払い
- 又は、商社に代行輸入を依頼⇒商社が**輸出業者に対して**支払い

①商社が輸入

　（ア）商社が生産国の**輸出業者に対して**支払い

②ロースターが輸入

　（ア）ロースターが生産国の**輸出業者に対して**支払い

　（イ）又は、商社に代行輸入を依頼⇒商社が**輸出業者に
　　　　対して**支払い

③輸入業者（ブローカー等）が輸入

　（ア）輸入業者が生産国の**輸出業者に対して**支払い

　（イ）又は、商社に代行輸入を依頼⇒商社が**輸出業者に
　　　　対して**支払い

　こうしてみると根本的にあまり違いがないように見えます。
代金の支払先は同じなので、支払っている人が変わっている
だけです。

　という事は、ダイレクトトレードは"消費国国内での流通
の違い"を指すのでしょうか？

　ロースターが自分で輸入して、自分で焙煎して販売する事が"ダイレクトトレード"なのでしょうか？

　しかし商社の立場から見れば自分たちの在庫となったコーヒーは"ダイレクトトレード"で輸入した事になります。

　また商社の買い付けツアーに参加するロースターは「産地で買ってきた」という風にPRしていたりしますが、輸入は商社が行っています。

　実際に商社に代行輸入を依頼しているスペシャルティロースターは多いです。なぜなら、大企業のロースターでない限り、一事業者と商社ではそもそもの物量が違うし、適用される金利も、もろもろのコストも、商社の手数料を考えたとしてもリスクが高く割高になってしまうからです。

・ ・ ・ ・ ・ ・

　こうした考察を進めてみると、やはり焦点は、**"細かいトレーサビリティー"**であるように思えます。やや強引に言うと、こういった**細かいトレーサビリティーが明確なコーヒーを購入する事**自体が**"ダイレクトトレード"**にあたるのかもしれません。

現在のスペシャルティシーン

　このようにスペシャルティコーヒーの定義と概要を紐解いてきましたが、最近ではこの名称はあまり用いられなくなってきました。その背景として、やはり"スペシャルティ"と

いう言葉そのものがあいまいである事が原因であると考えられます。

　アジアやヨーロッパなどではこのムーブメントが比較的新しいので"スペシャルティコーヒー"の名称が用いられていますが、生まれ故郷のアメリカでは少量で限定された区画がもたらす特徴的なコーヒーを、"Micro Lot（マイクロロット：小ロット）"と呼称するロースターや業者が増えてきました。

　栽培区画を限定していくとコーヒーの個性は強くなり、多様性が増す事が確認されています。生産国であるコスタリカではこうした小さいエリアに寄り添う、自家精製に近い小規模生産処理設備を"Micro Mill（マイクロミル）"と呼称しており、興隆著しく設置数が増加しています。

　消費国サイドではマイクロロットコーヒーを焙煎するロースターを"Micro Roaster（マイクロロースター）"もしくは"Boutique Roaster（ブティックロースター）"という風にカテゴリー分けする風潮も多くなってきました。

　いずれの場合も"Micro"という言葉がキーワードになっており、小規模かつ個性が際立つコーヒーを選好するトレンドが高まっています。

　いつの日か、かつてのPremium Coffee（プレミアムグレード）がそうだったようにSpecialty Coffeeのグレードが一つ繰り下がり、上部にMicrolot Coffeeという上位グレードが認知される日が来る事があるかもしれません……。

コーヒーの生産処理

　アカネ科の植物であるコーヒーは果物ですが、その果肉はコーヒーとしては使用されません。コーヒーチェリーの果皮／果肉（パルプ）を剝き、内果皮（パーチメント）を外し、内部の種子である"生豆"を取り出す必要があります。これを焙煎して粉砕し、抽出を行う事で初めてコーヒーを飲料として飲む事ができるようになります。

　生豆を取り出す前段階までの加工は"Process"（プロセス：生産処理）と呼ばれ、その方法によってコーヒーに及ぼす味覚的作用が異なります。もともとそれぞれの地域の気候、天候に基づいて考案された生産処理方法は、近年のスペシャルティシーンにおいては主に味づくりの一環として様々な種類が適応されています。

　代表的な生産処理には非水洗式、水洗式、パルプド・ナチュラルの3種類があります。

Natural（ナチュラル：非水洗式）

　果肉除去を行わないで、そのまま乾燥工程に入る生産処理です。雨期、乾期がはっきりしており、平らな高地や農地が取れる国。すなわちエチオピアやブラジルで発達した生産処理です。乾燥に日数がかかりますが生産コストが低いのが特徴です。生豆は出港時に乾燥した果肉とパーチメントを同時

に破砕する脱穀機を使用して取り出します。多くの派生形が
ありますが、ここでは代表的なものを数点あげてみます。ワ
インでいえば果皮ごと仕込む赤ワインのような生産処理です。

Natural：非水洗式

果肉除去を行わず、乾燥工程に入る生産処理

ブラジル
エチオピア等

Natural
Winey Natural
Funky Natural
Dried on Tree
Anaerobic Natural

・Natural　　　　　　（通常のナチュラル）
・Winey Natural　　　（ワイニー・ナチュラル）
・Funky Natural　　　（ファンキー・ナチュラル）
・Dried on Tree　　　（ドライド・オン・ツリー）
・Anaerobic Natural　（アナエロビック・ナチュラル）

　通常のNaturalは果肉を剝かないで、果肉が付いたまま乾
燥に入るシンプルな生産処理です。味わいは甘さと質感が強
く形成され、酸は弱くなります。
　Winey Naturalは乾燥時にコーヒーチェリーを山積みにし
たり、厚い層を作る事で果肉の発酵を促進させます。味わい
はベリーやワインのような果実が発酵したフレーバーが付加
され、甘さと質感が強くなります。

　Funky Naturalは上記のWiney Naturalよりも発酵を強めた生産処理方式です。チェリーを穀物用バッグに入れ、その中に水を投入します。温度が高くなりやすい日の当たる場所で数日間発酵させた後に乾燥工程に入ります。しっかりした果肉臭と発酵臭が付着し、甘さと質感が増強されます。

　Dried on Tree（DOT）は別名"樹上完熟"と言われ、コーヒーの木に実がついた状態で初期の乾燥を行います。こうした過熟の果実はBoia（ボイア）とも呼ばれます。DOTでは半乾燥した状態で収穫して本乾燥を行います。味わいは通常のNaturalより甘さと質感が強くなります。それほど果肉臭がつくタイプではありません。

　Anaerobic Naturalはコーヒーチェリーを密閉タンクで嫌気発酵させる方式です。数日間嫌気発酵させた後に乾燥工程に入ります。密閉するだけでも嫌気状態は維持できますが、コーヒー業界では人為的に炭酸ガスを吹き込む事で嫌気性を高めたものをCarbonic Maceration（カーボニック・マセレーション）と呼称を分けています。こうしたコーヒーはMC香と呼ばれるバナナやイチゴのようなベリー香を伴い、甘さが強くなります。この技法はフランス、ブルゴーニュ地方のワインの醸造法を参考に開発された生産処理です。

Washed（ウオッシュド：水洗式）

Washed：水洗式

果肉除去を行った後，水を用いる生産処理

中南米諸国
アフリカ
アジア等

Fully Washed
Dry Fermentation
Soaking/Kenya/Double Fully Washed
Mechanical Washed
Wet Hulling/Sumatra

　果肉除去（パルピング）を行った後、水を用いる生産処理です。コロンビアや中米諸国などの山間部の生産地で、天候が変わりやすく雨の多い地域で発達しました。天候が変わりやすいため乾燥を早める必要があったのが誕生の背景です。果肉除去を行った後、発酵槽で外果皮＝パーチメントの粘液質を発酵して除去します。乾燥はパーチメントが付いたままで行い、出港時に脱穀します。こうした水洗式は数種類存在します。果皮／果肉を除去するので、ワインに例えると白ワインに近いかもしれません。

　　・Fully Washed　　　（フリー・ウオッシュド）
　　・Dry Fermentation　（ドライ・ファーメンテーション）
　　・Soaking　　　　　（ソーキング／ケニア式）
　　・Mechanical Washed（メカニカル・ウオッシュド）

　　・Wet Hulling　　　　　（ウエット・ハリング／スマトラ式）

　Fully Washedは発酵槽に水を張ってパーチメントの粘液質を発酵させて洗い流す方式です。発酵に伴い、味わいは明るくまろやかな酸味が生まれます。処理に多くの水を使用するため環境負荷が高く、導入を控える農園が増えています。

　Dry Fermentationは発酵槽に水を張らないで、パーチメントをビニールで覆う事によって発酵させます。味わいは甘さと質感がやや強くなり、酸はまろやかになります。

　Soakingはケニアでよく用いられる方式でDouble Fully Washed（ダブル・フリーウオッシュド）とも言われます。水洗発酵後のパーチメントをもう一度水を張った発酵槽につけ置き、"濯ぎ"ます。味わいは酸が明るく、なめらかな質感でクリーンなコーヒーになります。

　Mechanical Washedは発酵を行わないで、機械によって粘液質をすり取る方式です。発酵を伴わないため、味わいは酸が鮮やかで明るく、質感は軽くなります。

　Wet Hulling式は早い段階で生豆を取り出して乾燥工程に入る方式で、インドネシアで発達しました。果肉除去を行ったパーチメントは一昼夜水に浸され、その後パーチメントを取り外して生豆の状態（アサラン）にして乾燥させます。独特の風味を持ち、味わいは酸がしっかりありながらも、質感が強くなります。

Pulped Natural（パルプド・ナチュラル）

Pulped Natural：
パルプド・ナチュラル

果肉除去を行った後、粘液質を残して乾燥工程に
入る生産処理

ブラジル
コスタリカ等

Pulped Natural
Honey Process
　　　White
　　　Yellow
　　　Red/Black
Anaerobic Honey

　果肉を除去した後、パーチメントの粘液質を残して乾燥工程に入る生産処理です。非水洗式よりも乾燥日程を短縮する事を目指し、ブラジルで開発された生産処理です。パーチメントは出港時に脱穀します。以前はSemi Washed（セミ・ウオッシュド）とも呼ばれていましたが、今ではこの名が定着しました。粘液質を残すのでNaturalとWashedの中間的位置づけです。ロゼワインに例える事ができそうです。

・Pulped Natural　（パルプド・ナチュラル）
・Honey Process　（ハニー・プロセス）
・Anaerobic Honey　（アナエロビック・ハニー）

　Pulped Naturalは果肉を剥き、水路に通した後、発酵工程を経ないで乾燥に入ります。水洗式より甘さと質感が強く、

非水洗式よりも酸が明るくなる特徴があります

　Honey Processはコスタリカで発展したパルプド・ナチュラルで、乾燥したパーチメントの色合いが蜂蜜に似ている事から名づけられました。ホワイト、イエロー、レッド、ブラックと数種の色合いがあり、色が濃くなるほど残留粘液質の量が多くなります。味わいも色の濃さに連れ添って甘さと質感が強くなっていきます。

　Anaerobic Honeyは粘液質のついたパーチメントを密閉タンクで嫌気発酵させるパルプド・ナチュラルです。酸素で活性化するバクテリアを抑えて非酸素下で活動するバクテリアを優位にする事で味わいの成分を変化させます。この処理の味わいは明確な"シナモンフレーバー"を伴う事があり、甘さが強いコーヒーが生み出されます。

・・・・・・・・

　最近では上記以外にもっと細かい工程を踏んだ特殊な生産処理が発明されています。今後も様々な生産処理方法が考案されていくでしょう。

コーヒーの品種

コーヒーの品種

World Cultivars
Ethiopian Accessions
Hybrid
その他の品種

　今日の研究では栽培品種としてのコーヒーの遺伝的多様性はあまりなく、他の農作物と比べるとそれほど種類がないとされています。しかしそれでもかなり多くの品種がひしめいているのは事実です。商用コーヒーの品種には大きく"アラビカ種"、"ロブスタ／カネフォラ種"、"リベリカ種"の3種がありますが、"エウヘニオイデス種"、"ステノフィラ種"等新たに注目を集めている品種もあります。

　ここではアラビカ種の栽培品種（Cultivar）を中心に一部を紹介します。

＊もっと詳しく知りたい方はRoast Design Coffee Blogをご参照ください
　い

https://coffeefanatics.jp/coffee-varieties-list/

World Cultivars（ワールド・カルティバーズ：世界的栽培品種）

　世界的に植えられているアラビカ種です。イエメンから世界へ旅立ったTypica種、Bourbon種が各地で変異、交配を重ねる事で様々な品種が誕生しました。

Typica （ティピカ）

　世界的に伝播した重要な品種の一つ。イエメンをルーツに持ち、アジア諸国を経由して全世界に広まった。実はやや大きく、南国系フルーツのような酸味を持つ事がある。病害虫に耐性がなく、収穫量もそれほど多くないので今ではかなり稀少になってきた。Typica種を喧伝する農園が多くあるが、遺伝的裏付けが取れている木がほとんどないのが実情。

Bourbon （ブルボン）

　世界的に伝播した重要な品種の一つ。フレンチミッションと呼ばれるフランスの宣教師団がイエメンからブルボン島（現在のレユニオン島）に持ち込んだのが起源。やや小粒だが縦長になる事がある。柑橘系の酸を持ちやすいが、テロワールによってはベリー系をあらわす事もある。Typica種同様、特に病害虫に耐性が無いので最近は植え替えられるケースが多いものの、中南米ではまだ見かける。子孫が多く、今日流通している様々な交配種の祖にあたる。

Mundo Novo（ムンド・ノーボ）

　ブラジルで誕生したTypica種とBourbon種の自然交配種。収穫量が多く、ブラジルでは主力品種の一つで採用例が多い。ポルトガル語で"新世界"を意味する。

Caturra（カトゥーラ）

　Bourbon種の自然変異種。木が矮小化し密植が可能になったため多産が可能になった。特に中米諸国では重要な品種で、他品種比較においてベンチマークの役割を担うほど多く流通している品種。実はBourbon種より一回りサイズが大きく風味も近いが、今日では一般的な品質と考えられる。

Catuai（カトゥアイ）

　Mundo Novo種とCaturra種との交配種。Caturra同様中南米に多く広まったが、比較的ブラジルでの採用が多い。Caturra種より小ぶりでやや丸い形状をしている。酸は明るい。エレファント等の奇形が少量混在する事がある。

Villalobos（ビジャロボス）

　コスタリカで発見されたTypica種の変異種。粒が大きくTypica種によく似た樹勢を持つ。Typica種に出やすいグラッシー感（草っぽい）が少なくカップクオリティーは安定している。甘さと質感に特徴がある。

Villa Sarchi（ビジャ・サルチー）

　コスタリカで発見されたBourbon種の変異種。Caturra種に似て木は矮小化しているが、実の密度は高く締まっている。

高地に適性があり、風に強い特徴がある。Caturra種よりナッツ臭が出づらく、酸が明確で品質は高いとされている。

Yellow Bourbon（イエロー・ブルボン）

　Bourbon種とYellow Botucatu種（イエロー・ボツカツ：黄色に変異したTypica種）との交配種。ブラジルのスペシャルティシーンでの採用が多く、Carmo de Minas地区では代表的な品種になっている。黄色種は赤色種より刺激が少なく甘さがやや強くなる傾向がある。

Orange ／ Pink Bourbon（オレンジ／ピンク・ブルボン）

　エルサルバドルで発見された異色系Bourbon種。甘さに優れ、明るい酸を持つためエルサルバドルでは高品質種として位置づけられている。コロンビアのHuila地方でもピンク色に変色した品種が確認されており、こちらはYellow Bourbon種とBourbon種との交配種、又はエチオピア原産種のいずれかと見られている。コロンビアのPink Bourbon種は病気に強く、実は縦長で先端が細いポインテッドビーンになり、ややフローラルなニュアンスを伴う事がある。

Bourbon Mayaguez（ブルボン・マヤゲス）

　プエルトリコのMayaguez地方で栽培されていたBourbon種の系統。逆輸入される形で中央アフリカに伝播した。現在ルワンダ、ブルンジ等の主力品種になっている。Bourbon種よりやや大きく、甘さを伴った酸をあらわす。際立った個性はないが、良好な柑橘系が感じられる。

Pacas（パカス）

　エルサルバドルで発見されたBourbon種の変異種。Pacas
家の農園で発見されたためその名がついた。木は矮小化して
かなりコンパクトになった。最近ではホンジュラスでの採用
が増えている。実はBourbon種同様小さいが甘さがあって
柔らかく、リンゴ様のニュアンスがある。カップクオリ
ティーに期待されている。

Maragogype（マラゴジーペ）

　1870年にブラジルで発見されたTypica種の変異種。実も
葉も大きく、かなり大粒で巨大な品種。発生から年月が経っ
ているため遺伝的に安定している。土壌（テロワール）が適
合すれば、パイナップルやリンゴのような華やかな風味をあ
らわすが、程度が低いと青臭いハーブのような風味を持ちや
すい。

Pacamara（パカマラ）

　エルサルバドルで発見された、Pacas種とMaragogype種
との交配種。Maragogype種同様、巨大な実と樹勢を誇る。
グアテマラのEl Injerto農園で一躍有名になり、Geisha種と
並ぶ高品質種として認知されている。上質なテロワールであ
れば南国系のフルーツや黄桃、リンゴなど、甘さと質感に優
れる魅惑的なコーヒーになる可能性がある。

Maracaturra（マラカトゥーラ）

　ニカラグアで発見された、Caturra種とMaragogype種と
の交配種。親であるMaragogype種よりもさらに巨大でかな

り大きい実を結実する。ニカラグアの北部Nueva Segovia（ヌエバ・セゴビア）のDipilto（ディピルト）地区での栽培が多い。質感はなめらかで味わいは繊細。きれいな酸を持つ。ややハーバルな風味になりやすくもある。

SL28（エスエル28）

　ケニアを代表する品種。Bourbon種系統で、当時ケニアに存在した研究所、Scott Laboratories（スコット・ラボラトリーズ）で種子選抜された品種。木は矮小化しており、干ばつに耐性がある。酸は明るく華やかでジューシー。土壌によってはカシスなど甘さとボディーのある黒いフルーツ様のキャラクターをあらわす事がある。最近ではエルサルバドル、コスタリカでも採用されている。

SL34（エスエル34）

　SL28と並ぶケニアの主力品種。フレンチミッションによってScott Laboratoriesに持ち込まれ、種子選抜を経た品種。長らくBourbon種系統であるとされてきたが、実際には全く違う遺伝系統である事が最近判明した。カップの特徴はSL28種に近いがやや甘さと質感に特徴がある。

Sidra（シドラ）

　エクアドルにあったNestle社の試験農場で開発された品種。Typica種とBourbon種との交配種と考えらえていたが、最近の分析ではエチオピア系品種の系譜に連なることが判明した（SL系系の要素を示唆する研究もある）。コロンビアCundinamara県のLa Palma y El Tucan（ラ・パルマ／エ

ル・トゥカン）農園のSidra種を使用したバリスタがWBC（World Barista Championship）で優勝した事により有名になった。甘さと質感が強く、フローラルノートやクレーム・ド・カシスのような印象を伴うことがある。

Laurina（ラウリーナ）

Bourbon島を起源とするBourbon種の変異種。別名Bourbon Pointu（ブルボン・ポワントゥ）。かなりの矮小化をとげ、実は小さく生豆の先端がとがっており鋭角。一見リベリカ種の様にも見える。カフェインの含有率が少ない事でも知られる。コロンビアでも植えられているが最近はブラジルでの栽培が多く、Laurina種の嫌気発酵のロットを使用したバリスタが2016年のWBrC（World Brewers Cup）で優勝した。

Ethiopian Accessions（エチオピアン・アクセッションズ：エチオピア系品種）

現在のエチオピアで栽培されている原生種、またはこれらの遺伝系統に連なる品種群です。

Java（ジャバ）

インドネシアのJava島を経由してニカラグアに伝わったエチオピア系品種。Abyssinia（アビシニア）種とも呼ばれる。Geisha種に似ており、先端がとがったロングビーン形状をとる。味わいはGeisha種ほどではないが、フローラルでなめらかな質感をあらわす。ナッツ臭が出やすい。ニカラグア

ではJavanica（ジャバニカ）という名称でも流通している。

Geisha（ゲイシャ）

　エチオピアのBench-Maji（ベンチマージ）地区で採取された品種。この品種はケニアに持ち込まれた後、コスタリカに到達し、最終的にパナマのDon Pachi（ドン・パチ）農園に伝わった。さび病に耐性を持っていたため導入されたが、枝が長い上にもろく、実成が少ないため生産者に好感されなかった。2000年代に入り、Hacienda La Esmeralda（アシエンダ・ラ・エスメラルダ）農園で高いカップクオリティーがある事が判明し、その後2004年のコーヒー品評会、Best of Panamaで同農園が脚光をあびる事となる。エチオピアを思わせる強いフローラルノートと様々なフルーツのフレーバーを持つ事が知られる。

Rume Sudan（ルメ・スダン）

　南スーダンの東部で発見されたCBD（Coffee Berry Disease：コーヒー・ベリー・ディジーズ）に耐性のある品種。基本的に病気全般に強い特徴を持つため、様々なハイブリッド品種の親ともなった。単一での栽培はコロンビアで多い。実はややロングベリー形状をしており、縦長。ベリー系の風味にヨーグルトのような乳酸のニュアンスがあり、かなり良好なカップクオリティーを誇る。

Chiroso（チロソ）

　コロンビアのAntioquia（アンティオキア）県で発見された品種で、実成が多い事から当初はCaturra種と考えられて

いた。寒さに耐性があるため高標高に向く。近年の研究では
エチオピア系の品種である事が判明し、いずれかの時点でエ
チオピアからコロンビアに持ち込まれたと推測されている。
ロングビーン形状でややフローラル。南国系フルーツのニュ
アンスがあり、甘さが強い。

Wush Wush（ウシュ・ウシュ）

　コロンビアで注目を浴びているエチオピア系品種。CBD
に対抗するために種子選抜された754種と、土着品種開発プ
ログラム（LLDP：Local Landrace Development Program）
で選抜されたSpecialty GroupのWush Wush種の2つが存在
する。エチオピアKaffa（カッファ）地方のWush Wush村が
起源で、30年ほど前にコロンビアに直接持ち込まれたとみ
られる。実はやや縦長で長方形な形状。甘さと質感に特徴が
あり、白桃のようなニュアンスがある。酸はあまり強くない。

Kurume（クルメ）

　エチオピア原生種。Sidama ／ Yirgacheffe地方で植えられ
ている、"Local Land Race（ローカル・ランド・レイス）"
や"Heirloom（エアルーム：遺産）"と呼ばれる土着品種。小
粒で多産。当地区では有名な品種で導入例が多い。

Wolisho（ウリショ）

　エチオピア原生種。Sidama ／ Yirgacheffe地方で植えられ
ている、"Local Land Race"や"Heirloom"と呼ばれる土着品種。
実は大きいが年ごとの収穫量が安定していない特徴がある。

Dega（デガ）

エチオピア原生種。Sidama ／ Yirgacheffe 地方で植えられている、"Local Land Race" や "Heirloom" と呼ばれる土着品種。実は中くらいのサイズで香木のような香りがするとされる。

74110 ／ 74112 ／ 74148 ／ 74158 ／ 74165

エチオピア Jimma（ジマ）ゾーンの JARC（Jimma Agricultural Research Center）で種子選抜された CBD 耐性種のシリーズ。他品種を掛け合わせるのではなく、特定の栽培グループから選抜（Selection）を繰り返して耐性を強化した。74110、74112、74148、74158 の 4 種は木や実の特徴が Kurume 種に似ているため Kurume タイプとも呼ばれる。CBD 耐性種は伝統種と共に多く栽培されており、エチオピア COE でも入賞の大半を占めている。2020 年には 74158 種が、2021 年には 74165 種のロットが優勝した。

Hybrid（ハイブリッド品種）

アラビカ種とロブスタ種の交配種の系統です。厳しい環境や病害虫への耐性を持たせるために開発されました。Catimor 系、Sarchimor 系、F1 系等の複数の系統があります。

Castillo（カスティージョ）

コロンビアで開発された Caturra 種と、テイモール島で発見された Typica 種と Robusta 種の自然交配で誕生した Timor Hybrid（ティモール・ハイブリッド）種との交配種、いわ

ゆるCatimor（カチモール）種の第5世代（F5）。ハイブリッド系品種（ロブスタ種とアラビカ種との交配種）に属する。コロンビアは2008年にさび病に対抗するために大規模な植え替えを行ったため、先代のValiedad Colombia(バリエダ・コロンビア：F4) 種と共に多く植えられるようになった。高い甘さと質感を備え、マイルドな酸味を持つ。

Lempira （レンピラ）

　ホンジュラスで種子選抜されたCatimor系ハイブリッド品種。さび病に対応するための品種だったが近年耐性を失った。風味にやや特徴があるが、酸が明るく、高標高であればカップクオリティーにそん色ない事が実証されている。

IHCAFE 90 （イカフェ・ノベンタ）

　コスタリカ経由でホンジュラスに持ちこまれたCatimor系ハイブリッド品種。こちらもさび病への耐性を失ったが、高標高では高い甘さと質感を持ち、酸も明るい。テロワールが適合すれば印象的なコーヒーになる事が知られている。

Parainema （パライネマ）

　Villa Sarchi種とTimor Hybrid種との交配種。Sarchimor（サルチモール）と呼ばれるハイブリッド品種。根に寄生するNematode（ネマトーデ）に耐性があり、さび病やCBDにも耐性を持つ。生豆は先端がとがったロングビーン形状をとっている。酸がかなり明確で筋が通る。質感も強い。派手な風味はないが印象度の高いコーヒー。

Marsellesa（マルセジェッサ）

　ニカラグアで開発されたハイブリッド品種。Villa Sarchi 種と Timor Hybrid 種との交配種の Sarchimor 系。早熟で風に強く、さび病と CBD に耐性がある。カップは少しクセがあるが酸が明確で甘さがあり、印象の強い品種。メキシコでの採用も多い。

Ethiosar（エチオサル）

　ニカラグアで栽培されているハイブリッド品種。Sarchimor 系。エチオピア原生種である Rume Sudan 種に Sarchimor 種を交配し、さらに Villa Sarchi 種を戻し交配させた品種。多産で、収量が多いとされる Caturra 種の 1.4 倍の実成がある。さらに低標高でもカップクオリティーが良好で、病気にも強い事から今後の世界的温暖化対策で注目されている。

その他の品種

　系統が不明な物やアラビカ種外の品種です。

Typica Mejorado（ティピカ・メホラード）

　コスタリカ、エクアドルで注目を浴びている品種。最近の分析ではエチオピア系品種と Red Bourbon 種との交配種とみられている。Sidra 種と同じくエクアドルにあった Nestle 社の試験農場で開発され、Typica Mejorado（改良型ティピカ）と名づけられた。ややフローラルで柑橘系や乳酸を感じる事が可能で、上品な特徴を持つ。

Eugenioides（エウヘニオイデス）

アラビカ種の親とされる品種。染色体が2倍体で同じ2倍体のロブスタ種と交配する事で4倍体のアラビカ種が誕生した事が分かっている。発生はRume Sudan種と同じく南スーダンの東部とみられている。かなりの矮小種で通常のコーヒーの1／2ほどの極小の実を付ける。外観は丸まった形状を持つ。カフェインも少ない。コロンビアのInmaculada（インマクラーダ）プロジェクトで栽培されている。

Stenophylla（ステノフィラ）

アラビカ種に属さない品種。栽培数が減少していたが最近再発見された。西アフリカのギニア、シエラレオネ、アイボリーコースト、リベリアなどで生育している品種で、1800年代にヨーロッパで流通していた事もある。葉（Steno）が長細い（Phyllon）事からStenophyllaと名づけられた。実は熟すと濃い紫色に変色する。アラビカ種と同等以上のカップクオリティーがあるとされ、ルワンダのBourbon Mayaguez種に似た風味があると評する人もいる。病害虫に耐性があり低標高に適性があるため、将来の地球温暖化による環境変化に対応できうる品種として期待されている。

生産各国の代表的なマイクロクライメット／テロワール

生産各国の
マイクロクライメット/
テロワール

南米
中米
アジア
アラブ
アフリカ

　それではこの章の最後にコーヒー生産国の地域に触れてみたいと思います。生産国の土壌の違い = Microclimate ／Terroirによって様々な風味の多様性が生み出されています。ここでは代表的な生産国を大まかに分類してあり、それぞれの詳細や他の生産国についてはまた別の機会にご紹介できればと思っています。

南　米

Brazil
　世界最大のコーヒー生産国で世界総生産の１／３以上を担

う大国。規模の大きい農園が多く、機械収穫を行っているところが多い。基本的にコーヒーのロットサイズ（1銘柄の数量）は大きい。生産処理は主にNaturalとPulped Natural。個人農園もあるが、Daterra（ダテーハ）農園やCapriconio（カプリコーニョ）社の様に大規模な資本で様々な品種、生産処理を組み合わせてオーダーメイドのロットを作成する法人農園もある。主な品種はMundo Novo、Red／Yellow Catuai、Yellow Bourbon等。

【代表的なエリア】

- Chapada Diamantina 　（シャパーダ・ディアマンティーナ）
- Cerrado Mineiro 　（セハード・ミネイロ）
- Chapada de Minas 　（シャパーダ・ジ・ミナス）
- Carmo de Minas 　（カルモ・ジ・ミナス）
- Vale da Grama 　（ヴァレ・ダ・グラマ）
- Ibiraci 　（イビラチ）
- Alfenas 　（アルフェナス）
- Campo das Vertentes 　（カンポ・ダス・ベルテンテス）
- Alta Mogiana 　（アルタ・モジアナ）
- Franca 　（フランカ）
- Araponga 　（アラポンガ）
- Matas de Minas 　（マタス・ジ・ミナス）
- Montanhas do Espirito Santo
　（モンターニャス・ド・エスピリト・サント）

Colombia

世界最大のWashedアラビカコーヒーを生産する生産国。

生産地域は山間部が主で、小規模生産者が多い。最近外資が入っている農園もあり、初めて Carbonic Maceration（カーボニック・マセレーション）を取り入れた Inmaculada プロジェクトや CGLE（Café Granja la Esperanza）では Geisha 種や Eugenioides 種等の希少種を栽培するなど、特殊ロットの生産ケースが増えている。農園名での取引もあるが2、3ha 位の小規模生産者のロットは個人名で流通する事も多い。主な品種は Caturra、Colombia、Castillo 等。

【代表的なエリア】
　・Norte de Santander （ノルテ・デ・サンタンデール）
　・Santander　　　　　（サンタンデール）
　・Antioquia　　　　　（アンティオキア）
　・Cundinamarca　　　（クンディナマルカ）
　・Risaralda　　　　　（リサラルダ）
　・Tolima　　　　　　（トリマ）
　・Quindio　　　　　　（キンディオ）
　・Valle del Cauca　　　（バジェ・デル・カウカ）
　・Huila　　　　　　　（ウィラ）
　・Cauca　　　　　　　（カウカ）
　・Narino　　　　　　（ナリーニョ）

Bolivia
　コロンビアと同じく生産地は標高の高い山間部になり小規模生産者が多い。農園に名称をつける習慣がなく、コーヒーのロットは個人名での表記が主。Agrotakesi 農園の Geisha 種が有名。主な品種は Caturra、Catuai、Typica 等。

【代表的なエリア】

・Caranavi　　　（カラナビ）

・Nor Yungas　　（ノル・ユンガス）

・Sud Yungas　　（スッド・ユンガス）

Peru

　北と南の距離が長く、テロワールが異なる。生産地は山間部でかなり標高が高い。ボリビア同様農園名は一般的ではなく人名での表記が多い。主な品種はCaturra、Catuai、Bourbon、SL09等。

【代表的なエリア】

・Cajamarca（カハマルカ）

・Junin　　　　（フニン）

・Cusco　　　　（クスコ）

・Puno　　　　（プーノ）

Ecuador

　生産量はそれほど多くなく、プレミアムグレードでのロットが多い。比較的経済も安定しており、農園名での取引が多い。価格帯の高いコーヒー生産国。最近は嫌気発酵等の特殊処理にも積極的に取り組んでいる。主な品種はTypica、Sidra、Caturra等。

【代表的なエリア】

・Loja　　　　　（ロハ）

・Pichincha　　（ピチンチャ）

- Napo 　　　　（ナポ）
- Chimborazo（チンボラソ）
- Carchi 　　　（カルチ）
- Imbabura 　（インバブラ）

中　米

Guatemala

　スペシャルティコーヒー産業を代表する生産国で早くからAntigua認証（Genuine Antigua）を確立し品質の向上に努めてきた。火山が多く、各生産エリアが何かしらの火山に根ざしているケースが多い。同国のCOEで最多優勝を誇るHuehuetenagoエリアのEl Injerto農園によってPacamara種が有名になった。特定の農園以外にも地元農協の運営も活発で、農協名で流通するロットも多い。主な品種はCaturra、Catuai、Bourbon、Typica、Pacamara等。

【代表的なエリア】
- Huehuetenango （ウエウエテナンゴ）
- Antigua 　　　 （アンティグア）
- Atitlan 　　　　（アティトラン）
- Santa Rosa 　 （サンタ・ローサ）
- El Progreso 　 （エル・プログレソ）
- Jalapa 　　　　（ハラパ）
- Acatenango 　（アカテナンゴ）

El Salvador

　中米諸国の中では比較的経済の良い生産国。生産者はコーヒーチェリーを業者に販売し、輸出業者や農協が委託で生産処理を行う。グアテマラ同様火山が多く産地はふもとに形成されている。最近では100年以上前にケニアより持ち込まれたSL28種が再発見され注目されている。コーヒー名は農園名での記載が主。主な品種はBourbon、Pacamara、SL28等。

【代表的なエリア】
　・Santa Ana 　　　（サンタ・アナ）
　・Ahuachapan 　（アウアチャパン）
　・Sonsonate 　　（ソンソナテ）
　・Usulutan 　　　（ウスルタン）
　・Chalatenango（チャラテナンゴ）

Honduras

　中米で最大の生産量を誇る生産国。ローグレードの生産が多いが国が貧しいため、収益の高いスペシャルティグレードにも注力しており、近年注目度が高い。農園名が記載されたロットもあるが個人名での流通も多い。国としてはハイブリッド系の品種に力を入れている。主な品種はCaturra、Lempira、Pacas、Parainema等。

【代表的なエリア】
　・Santa Barbara 　　　　（サンタ・バルバラ）
　・Montecillos 　　　　　（モンテシージョス）
　・Santiago de Puringula （サンティアゴ・デ・プリングラ）

- Pozzo Negro　　　　（ポッソ・ネグロ）
- Lempira　　　　　　（レンピラ）
- Marcala　　　　　　（マルカラ）
- Comayagua　　　　 （コヤマグア）

Nicaragua

　中米諸国の中であまり標高が高くない生産国。中米の中では低経済国であり、ホンジュラスと同程度の水準となっている。標高に恵まれないものの、Ethiosar種等の特殊な品種の採用が多くなっている。小規模の生産者も多いが、オーナー所有の中規模農園は、住み込み労働者の生活コミュニティーを担っている（学校等）。主な品種はCaturra、Catuai、Java、Maracaturra、Marsellesa等。

【代表的なエリア】
- Nueva Segovia（ヌエバ・セゴビア）
- Matagalpa　　　（マタガルパ）
- Jinotega　　　　（ヒノテガ）

Costa Rica

　中米ではPanamaに次いで経済の強い国。スターバックスが使用した事でスペシャルティシーンでの知名度が高く、様々なタイプのハニーコーヒー（パルプド・ナチュラル）を開発した国としても知られている。農園名ではなく、共有操業設備であるMicro Mill（マイクロミル：小規模精選所）の名称で流通していたが、近年では特定農園や区画名でのコーヒーが流通し始めている。同国にはCATIEと言う中米随一

の研究所があり、新しい品種も積極的に導入している。主な品種はVillalobos、Villa Sarchi、Caturra、Catuai、Typica Mejorado等。

【代表的なエリア】
・Tarrazu（タラス）
・Central Valley（Valle Central）（セントラル・バレー／バジェ・セントラル）
・West Valley（Valle Occidental）（ウエスト・バレー／バジェ・オクシデンタル）
・Brunca（ブルンカ）

Panama

　国内にパナマ運河を擁し、中米諸国で最も高い経済力を誇る。2004年のBest of PanamaにおいてEsmeralda農園のGeisha種がオークションコーヒーの当時の最高額を記録した。これにより同国はGeisha種ブームの発生地として一躍スペシャルティコーヒーの寵児となった。国内外の資本を用いた高品質高額ロットを生産している農園が増えてきている。主な品種はGeisha、Caturra、Catuai、Bourbon等。

【代表的なエリア】
・Boquete（ボケテ）
・Volcan　（ボルカン）

アジア

Indonesia

　世界第4位の生産量を誇るが9割程度がロブスタ種の栽培。アラビカコーヒーの伝播においても重要な国で、ここから中南米諸国へ広まっていった。ティモール島でアラビカ種とロブスタ種の交配種＝Timor Hybrid種が発見され、今日に至る様々なCatimor、Sarchimor、F1 Hybrid等の環境／病害虫耐性種の礎になった。半乾きのウエットパーチメントを小規模生産者から買い取るコレクターが中間流通を担うため、こうしたコレクターや農協、輸出業者の名前がコーヒーの名称となる。主な品種はTim Tim、Ateng、Sigaral Utang、Rasuna等。

【代表的なエリア】
- Sumatra　（スマトラ）
- Ache　　　（アチェ）
- Lintong　（リントン）
- Java　　　（ジャワ）
- Bali　　　（バリ）
- Sulawesi　（スラウェシ）

アラブ

Yemen

　アラビカ種の第二の故郷。Typica種、Bourbon種はここ

から世界各地へ伝播していった。現在は廃港となっている
Mocha港からコーヒーが出港した歴史があり、イエメンと
エチオピアのコーヒーは通称"Mocha（モカ）"と呼ばれる。
Qima Coffee（キマ・コーヒー）のプライベートオークショ
ン開催により、近年注目度が上がってきた。現在でも独立し
た遺伝系統の品種群を持っている事が最近の研究で判明して
おり、こういった品種は"Yemenia（イエメニア）"と呼ばれ、
渇水と高温に耐性がある事から期待がかかっている。コー
ヒー名は農園ではなく地域名での記載が多い。Udaini（ウダ
イニ）、Dawairi（ダワイリ）などの品種名があるが遺伝的整
合性が取れていない。

【代表的なエリア】
　・Bani Mattar 　　　（バニ・マタール）
　・Hayma Kharijiya　（ハイマ・カリジヤ）
　・Haraaz 　　　　　（ハラーズ）
　・Al Qafr 　　　　　（アル・カフール）
　・Ans 　　　　　　（アンズ）

アフリカ

Ethiopia

　アラビカ種の発生の地。フローラルかつティーライク（紅
茶の様）なフレーバーは同国ならではのテロワールがなせる
妙技でもある。膨大な種類の土着品種群が様々な生産エリア
に根ざしており、多様なコーヒーロットを形成している。国

内の生産内訳の40%がいわゆる森林コーヒー（Forest ／ Semi Forest）と呼ばれる自然林にあたり、農園名ではなく、Zone や Woreda、Kebele（ゾーン／ウォレダ／ケベレ）といったエチオピアの区画名での名称が主体になっている。また Bench-Maji ゾーンにある Gesha（ゲシャ）村が Geisha 種にゆかりのある土地とされる（このストーリーをオマージュしたプロジェクトが Gesha Village であり、Gori Gesha（ゴリ・ゲシャ）の森の土着品種を独自に開発している）。主な品種は Heirloom（エアルーム：遺産）と称される様々な土着品種群や 74110 等の CBD 耐性種等。

【代表的なエリア】

- Hararge ／ Harar　（ハラルゲ／ハラー）
- West Arsi　　　　（ウエスト・アルシ）
- Sidama　　　　　（シダマ）
- Gedeo　　　　　（ゲデオ）
- Guji　　　　　　（グジ）
- West Guji　　　　（ウエスト・グジ）
- Borena　　　　　（ボレナ）
- Jimma　　　　　（ジマ）
- Illubabora　　　　（イルバボラ）
- Sheka　　　　　（シェカ）
- Keffa　　　　　　（ケファ）
- Bench-Maji　　　（ベンチマージ）

Kenya

高級品として認知されている北アフリカの生産国で、主要

エリアはケニア山の南を囲むように位置している。国内に
オークションシステムを持ち、原則全てのコーヒーロットは
公平に入札され、輸出業者が落札して消費国に販売する形態
をとる。コーヒーは農園名ではなく、農協組合が管理する精
選設備（Factory：ファクトリー）の名称で流通する。小規
模生産者達は収穫したチェリーを紐づいているFactoryに持
ち込むのだが、繁忙期になると別のFactoryに持ち込まれて
名称が変わる事があるのでやや複雑である。主な品種は
SL28、SL34、Riru11、Batian等。

【代表的なエリア】
　・Nyeri　　（ニエリ）
　・Karatina（カラティナ）
　・Kirinyaga（キリニャガ）
　・Kariaini　（カリアイニ）
　・Embu　　（エンブ）
　・Muranga（ムランガ）
　・Thika　　（ティカ）

Rwanda

　1994年に起こった虐殺の悲劇を乗り越え、高い経済成長
を遂げている中央アフリカの小国。"千の丘"と形容される
起伏の多い様々なエリアでコーヒーが栽培されている。農園
名での流通はまれで、小規模生産者達が参画している農協所
有の精選設備（CWS：Coffee Washing Station：コーヒー・
ウオッシング・ステーション）や農協名でコーヒーが流通し
ている。主な品種はBourbon Mayaguez。

【代表的なエリア】
- ・Gakenke 　　　（ガケンケ）
- ・Rulindo 　　　（ルリンド）
- ・Huye 　　　　（フイエ）
- ・Maraba 　　　（マラバ）
- ・Nyamagabe 　（ニャマガベ）
- ・Nyamasheke 　（ニャマシェケ）
- ・Rusizi 　　　　（ルシジ）

Burundi

　ルワンダと南に国境を接する小国。政府系の農協、外資系の農協、地元のプライベートカンパニー等のコーヒーロットがある。基本的にそれぞれ近隣の小規模生産者からチェリーを購入し、水洗所（CWS）の名称で販売している。かつてほとんどの農協や水洗所は政府所有だったが数年前から多くを民間に移行している。国が貧しいためスペシャルティグレードの生産に積極的。主な品種はBourbon Mayaguez、Mibilizi等。

【代表的なエリア】
- ・Kayanza （カヤンザ）
- ・Nogozi 　（ンゴジ）

・・・・・・・・

　上記以外にも多くの生産国がありますが、一部を挙げさせていただきました。これからも素晴らしいコーヒーが、未だ

知られていない生産地から次々に誕生していくことでしょう。

〜*〜インターミッション〜*〜

踊れ!!

　前職においては買い付け業務に携わり、中米やアフリカの生産国に行く事が多くありました。COEの品評会でも当時は落選したお手頃ロットを購入してくるのがミッションであったため、基本的に買い付け目的で生産地に入ります。

　消費国の人間は、特に商社やロースターグループの場合、大事なお客様になるので、滞在の間ずっと親切にアテンドしてくれます。いつもこうした心づかいをいただけるので、ありがたいと思う反面「もっと買えるようにならねば……」というプレッシャーを感じる事もあります。

　ツアー中日には歓待の意味を込めてのセレモニーに招待され、その後食事やパーティーなんかが催される事が多かったりします。大体生産地の市長さんとかのお偉方がスピーチして一服した後に、砕けた雰囲気に入ってくパターンですね。

　単独で入った場合にはあんまりないのですが、グループの買い付けツアーやCOEのような生産国にとっての一大イベントでは、セレモニーの後のパーティーで何故か"ダンス"をすることが中米諸国では当たり前だったりします（アフリカでは Tribe Dance：部族舞踊）。

　……ダンス……。

　こう聞くと、何かクラブか何かをイメージするかもしれません が、否。……それは正しくはありません。

　中米のパーティーは**"男女のペアダンス"**なのです。

　まあ、ほとんど現地の人たちが踊っているのですが、場の 流れ的に踊らない訳にいかない感じになります……。

　男女でダンスなんか、小学校のフォークダンス以来（？） ですが、そんな決まった動きではないので、出たとこ勝負に なります。見様見真似で踊りますが、照れくさいやらなんや らで、そのぎこちなさと言ったらないですね……。なので、 相手の女性にリードしてもらいます。

　基本的にラテンミュージックでラテンのノリで軽快に踊る のですが、さすがに西洋文化圏でもアメリカ勢や、北欧勢な んかは苦笑いしながら尻込みする人もちらほらいます。

　私もとりあえず酒の勢いを借りて参戦しましたが、だんだ んよく分からなくなってきてしまいには一人でぐるぐる回っ ていました……。

　しかし意外にも生産者達に受けが良く、その内知らない間 に会社メンバーの中でもダンス要員になってしまいました。 生産地では一人でコミカルな踊りを披露することが定番にな り（ほぼ強制）、パーティーの翌日は「昨日のお前のダンス は良かった！」と知らない生産者（おそらくパーティー会場 にいたと思われる）に顔を覚えられ声をかけまくられるとい う展開が常になってしまいました。

・・・・・・

　それでもまあ、それでもみんなが喜んでくれたら私もうれ

しいですね！！
　昔から“旅の恥は掻き捨て”とも言いますし、ぜひ皆さんも産地では自らの殻を破って“ダンス”してみたらいかがでしょうか？

焙煎　Roast Designの章

焙煎とは何か？

焙煎とは何か？

　コーヒーを飲料として味わう上で欠かせない工程に"焙煎"があります。コーヒーは生豆の状態でもいわゆる味わいに関連する成分がありますが、焙煎する事によって内部に存在する成分が熱変異し、より豊かな風味を発現する事ができるようになります。こうした焙煎豆の味や香りに関する成分はワインの200種を超え、800種類以上もあるとも言われています。

　焙煎プロセスではではメイラード反応やショ糖のカラメル化、そして有機酸等の生成によってコーヒーのいわゆる"味わい"や"風味"と言うものが形成されます。こうした味覚要素は焙煎の進行度合によって生成されたり、また反対に焼失したりします。なので、焙煎の方法や焙煎度合によってコーヒーの風味のバランスは変化していきます。

　スペシャルティコーヒーの台頭によって、国際的な焙煎競技会や品評会などが頻繁に行われるようになりました。この流れを受けて現在では様々な焙煎方法やアプローチの情報開示が積極的になされ、活況を呈するようになってきました。

　こうした中で端的にコーヒーの焙煎を定義づけるとしたら、以下の一文で要約できるのではないかと筆者は考えています。

"コーヒーの焙煎とは生豆に熱を加えTaste（テイスト）を発達させる事である"

　コーヒーには800を超える様々な味覚／芳香成分があり、複雑なバランスの上で"コーヒーの味わい"を形成しています。筆者はそうした味覚の要素の内、代表的な5つの大きな概念を今回以下の様に取り上げてみました。

　それが、Sweetness（甘味）、Acidity（酸味）、Bitterness（苦味）、Flavor（風味）Mouthfeel（質感）の5つの要素です。

＊MouthfeelはさらにWeight（液体の重さ）、Texture（舌触り）、Finish（後口）の3つに分解されます

テイストとバランス

⊙ Sweetness	甘味	
☀ Acidity	酸味	
☺ Bitterness	苦味	
🔔 Flavor	フレーバー	
⬤ Mouthfeel	質感	

焙煎における5大味覚要素
これらを**"テイスト"**と呼ぶ
これらの配分を**"テイストバランス"**と呼ぶ

- Sweetness 　　（甘味）
- Acidity 　　　（酸味）
- Bitterness 　　（苦味）
- Flavor 　　　（フレーバー／風味）
- Mouthfeel 　　（質感）
  - →Weight 　（ウエイト：重さ／粘性）
  - →Texture 　（テクスチャー：舌触り）
  - →Finish 　　（フィニッシュ：後口／余韻）

　前章でご紹介したCOE（Cup of Excellence）やWBC（World Barista Championship）の評価項目とも重なるこれら5つの味覚要素を、今回筆者はコーヒーの**Taste（テイスト）**と呼称し、それぞれの強度バランス配分を**Taste Balance**（テイストバランス）と呼称する事にしました。

- Taste：テイスト＝5つの味覚要素（甘味、酸味、苦味、フレーバー、質感）
- Taste Balance：テイストバランス＝上記5要素の"配分"

　こうしたコーヒーの5つテイストは、生豆が接する熱量が高い方がはっきりしていく傾向があります。
　焙煎工程はテイストの生成とバランス配分を、焙煎者のイメージやコーヒーそのものが持つポテンシャルに基づいて作り出す作業になります。

＊本来の味覚とは塩味、甘味、酸味、苦味、うま味とされています。本書ではこれらとは別に"テイスト"を定義付けしています

良い焙煎？　浅煎り？　深煎り？

　どうしても味覚に関する物なので、評価が主観的になりがちな業界でもあるのですが、その中で一番の落とし穴は"美味しいコーヒー""良い焙煎""適切な焙煎"といったキーワードが知らず知らずに浸透してしまっている事だと言えるでしょう。

　多くの焙煎者やバリスタの方は、もちろん"美味しいコーヒー"をお客様に提供したいと考えているでしょうし、そうした"美味しい焙煎や抽出"を行いたいと考えるのは至極当然だと思います。しかし前章で触れたように人間各個人の嗜好は異なっており、同時に"それぞれの人が考える美味しさ"も千差万別です。

　実際には"どのような美味しさ"を顧客に提供するかと言った視点の方がよほど重要だったりします。お客様は複数名に及ぶので、全ての嗜好に合わせる事は不可能だからです。

　よくある不毛な争いに"浅煎り vs. 深煎り論争"があります。浅煎り派の人たちは深煎りのコーヒーを「苦くて味がない」と言う風に揶揄し、深煎り派の人たちは「すっぱくて適切に焙煎されていない」と否定的な見解を示します。しかしこうした論争はそもそもの理想とする味わいが違うので全く意味がありません。

　焙煎を行う人やロースターのオーナーにとって**"どのような美味しさを形成して、どのようにお客様に提案するか"**が最も考えなければならない命題になります。浅くて生っぽい

味であろうが、焦げていて辛味のある焙煎であろうが、本人が納得の上で行う焙煎には何一つとして非はありません。こうした視点を持つと自ずと自主選択的な視点や意志が形成されます。

　焙煎のアプローチや焙煎度合、抽出などはあくまで上記の命題を達成するための方法論なので、焙煎方法や抽出方法に不必要に意味や価値を求めてはいけないのです。

　筆者は長年 WCRC（World Coffee Roasting Championship）と言う大会の日本代表のコーチを拝命させていただいていますが、この競技会では、その年のトレンドや新しい考え方が生まれる度に評価される焙煎度合や味わいが変わります。去年のベストは今年のベストになり得ないのです。

　競技会の評価軸が変更する事に面食らう事が多いのですが、逆に言えばどのような要求にも応じて焼き分ける事のできるスキルが必要とされているのだと毎年痛感しています。焙煎のコントロール能力の発揮こそが真のプロフェッショナリズムだと言えるのでしょう。

あたらしい焙煎の考え方：Roast Design

　上記で触れたように、"良い焙煎"や"正しい焙煎"等といった主観的な考え方を廃し、"どのような焙煎アプローチを行うと、どのような結果が得られるのか？"といった事実にフォーカスする事が本書の趣旨となります。

　あくまで特定の焙煎操作に対する客観的な結果のみを拾い集める事によって、焙煎者が自主的に理想とする味わいを選択できるようにするのが目的です。

　こうした明確な意図をもった焙煎操作を筆者は焙煎制御＝"Roast Control"（ローストコントロール）と呼称し、焙煎におけるテイストバランスの設計を筆者は焙煎設計＝"Roast Design"（ローストデザイン）と提唱する事にしました。

Roast ControlとRoast Design

ROAST CONTROL
意図に基づいた焙煎制御

ROAST DESIGN
テイストバランスの設計

・Roast Control（焙煎制御）＝意図に基づいた焙煎制御
・Roast Design （焙煎設計）＝テイストバランスの設計

　焙煎者は焙煎のロードマップであるRoast Designに基づいて焙煎を進めていきます。
　それでは"焙煎をデザインする"にあたってまず必要な事項を確認しながら進んで行きましょう。

＊各工程においては、より精密な操作や概念、考え方、科学的作用がありますが、全てを書き留めるのには限界があります。あくまでも私の考え方を大まかにご理解いただければ幸いです

味覚要素の切り分け

　焙煎における最初のステップは対象のコーヒーがどういった特徴を持っているかを把握する事です。焙煎は魔法ではないので原料が持っているポテンシャル以上の特徴を生み出す事はできません。まず少量の生豆をサンプル焙煎してその味覚特性を検証します。サンプル焙煎はあくまでコーヒーのキャラクターが大まかに判別できる焙煎であれば大丈夫です。商業焙煎ではないので、完成された焙煎である必要はありません。
　焙煎の品質評価で最も採用されている品質確認方法はやはりカッピングです。スペシャルティコーヒーの章で解説しましたが、評価方式にはSCA方式（Specialty Coffee Association）とCOE方式（Cup of Excellence）があります。コーヒー競

技会では主にSCA方式をもとにした評価が行われています
がSCA方式とCOE方式では重要な味覚評価項目は共通して
おり、基本的にCOE方式から評価要素を抽出しても問題は
ありません。

　しかしカッピングはコーヒーそのものが持つ素材の特徴を
把握するのに向いているものの、焙煎設計における味覚要素
のへのアプローチはまた違った形で挑むのがよさそうです。

　焙煎ではコーヒーのテイストバランスを意図的に変更する
事ができます。上記で5つのテイスト要素（甘味、酸味、苦
味、フレーバー、質感）を挙げましたが、実は全てを理想的
な状態にリバランスする事はできません。なぜならある味覚
要素は他の味覚要素と相関したり相反したりするからです。
それが以下に挙げる相関関係です。

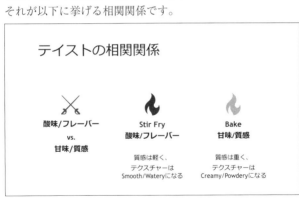

- ・Acidity と Flavor は 相 関 し、Sweetness と Mouthfeel
（Weight）に相反する
- ・Sweetness と Mouthfeel（Weight）は相関し、Acidity

　　とFlavorに相反する

　日本語に置き換えると「酸味／フレーバー」vs.「甘味／
質感の重さ」といった図式になります。

　フレーバーは酸味成分の持つ香りや味わいに依存する傾向
が強く、糖度は高くなると液体の粘性も強くなっていきます。

　ある焙煎で酸味とフレーバーの発現に注力した場合、必然
的に甘味と質感の強度を弱める必要があります。味の相互作
用により、酸味は甘味によってその強さが弱まる傾向（抑制
効果）があります。

　反対に"甘味／質感"の発現に注力した場合は、"酸味／フ
レーバー"は弱くする必要があります。質感の粘性が上がる
と、他のテイスト要素が覆われて舌の味蕾に到達しづらくな
り、結果的に酸味やフレーバーが感じづらくなります。

　このようにテイストバランスの形成においては上記の相関、
相反関係があるために、良いとこ取りができない現実があり
ます。特定の個性を強調した場合、その代償として何かしら
の要素は弱体化を強いられるのです。

　焙煎者はこうした事実を理解し、何を取捨選択して焙煎に
臨むかを考察する必要があります。

焙煎機の種類と特徴

　焙煎機は焙煎という工程に欠くべからざるものですが、そ
の種類には大きく分けて３つありそれぞれ特性があります。
直火式、半熱風式、熱風式が代表的です。そしてこれらの焙

煎機ではそれぞれ用いられる伝熱（熱伝導）の方式が異なり、
テイストの違いを生み出しています。
　それではまず伝熱方式を簡単に解説します

伝熱（熱伝導）

伝熱（熱伝導）

伝導　　　　　　　**対流**　　　　　　　**輻射（ふくしゃ）**
接触する物質間で伝熱　気体や液体を介して伝熱　電磁波で伝熱

・温められたフライパン　・熱風　　　　　　　　・火炎の熱放射
・熱交換器　　　　　　　・ミルクスチーマー　　・ハロゲンヒーター
　　　　　　　　　　　　　（高温水蒸気）　　　　・遠赤外線

熱は高いところから低いところに移動する性質を持ちます。

こうした熱量の伝わり方には3種類あります。

- 伝導
  接触する物質間で伝熱する方式。温められたフライパンや熱交換器等
- 対流
  気体や液体を媒介して伝熱する方式。熱風やエスプレッソマシンのミルクスチーマー（高温水蒸気）等
- 輻射（ふくしゃ）
  電磁波で伝熱する方式。火炎の熱放射やハロゲンヒーター、遠赤外線等

焙煎機の形式

直火式（輻射／対流）

　焙煎機のドラムに無数の穴が開いており、ドラム下部にあるバーナーの火炎から輻射熱と対流熱が伝熱されます。高温の熱源に晒されるため、コーヒーのテイストは強く、しっかり感じられます。反面、ドラムに穴が開いているため、火炎によって燃焼された煙がコーヒーに再付着し、焦げ臭や異味が付着しやすいデメリットがあります。日本では直火式を採用しているロースターはありますが、欧米ではあまり見られない形式です。

【代表的な直火式焙煎機】
・LUCKY COFFEE MACHINE SLR-Series

半熱風式（対流／伝導）

　焙煎機のドラムの下に熱源があり、ドラムを加温しながら熱風を取り込む形で伝熱します。この焙煎機はドラムからの伝導熱と、ドラム後方から流入する熱風による対流熱の両方を用いて焙煎を行います。半熱風と呼ばれていますが対流熱の割合は70〜90%とも言われているので、実際には熱風焙煎機に近い性能です。ドラム壁面は高熱になるので直火式の次にテイストがしっかりします。直火式より焦げにくいですが、焙煎工程いかんによっては焦げ臭が付着します。

【代表的な半熱風式焙煎機】
　・FUJI ROYAL R-Series
　・PROBAT P-Series
　・DIEDRICH IR ／ DR-Series
　・GIESEN W-Series

熱風式（対流）

　焙煎機ドラムから離れた位置に熱源があり、高温の空気をドラム後方より流入させて伝熱させます。ドラム自体は熱源で加温されていないので、熱風による対流熱が主体になります。生豆全体を取り囲む空間が熱量を持つので、焼きムラが少なくかつ短時間で焙煎する事ができます。生豆が接触する空気は火炎や熱せられた鉄板より温度は低くなるので、テイストの強さは直火式、半熱風式に準じます。３種の中では最も焦げにくい焙煎機です。

【代表的な熱風式焙煎機】
　　・LORING S-Series
　　・STRONGHOLD S-Series

焙煎機の形式によるテイストと焦げの傾向

　それぞれの焙煎機の特徴をまとめると下記の通りになります。

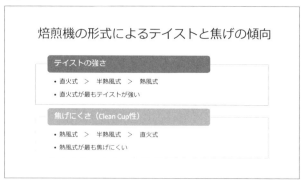

テイスト（甘味、酸味、苦味、フレーバー、質感）の強さ
　　・　直火式　＞　半熱風式　＞　熱風式
　　・　直火式が最もテイストが強い

焦げにくさ（Clean Cup性）
　　・　熱風式　＞　半熱風式　＞　直火式
　　・　熱風式が最も焦げにくい

生豆分析

　コーヒー生豆の物理的状況によって焙煎における挙動は変化し、主に焙煎時間や温度の上がり方に差がつきます。変動要素として、スクリーンサイズ（豆の大きさ）、密度、生産処理、水分値があります。例外はあるものの大抵の場合は以下のような性質を表します。

スクリーンサイズ

　生豆の粒の大きさです。サイズが大きいと窯の中の撹拌具合が変わりますので、影響が高い要素です。スクリーンサイズが大きい方が焙煎に時間がかかり、より多くの熱量を必要とします。

密度

　生豆の体積に対する重さ、つまり比重です。高い標高で栽培されたコーヒーは密度が高い事が多いです。密度が高いと焙煎に時間がかかり、より多くの熱量を必要とします。

生産処理

　生豆の精選に適用された生産処理です。水洗式（ウオッシュド）、パルプドナチュラル（ハニー）、非水洗式（ナチュラル）の3種類が代表的で、右に行くにしたがって生豆の組織や繊維が柔らかくなります。生産処理においては水洗式が最も焙煎に時間がかかり、より多くの熱量を必要とします。

水分値

　生豆が含有している水分量です。コーヒーの生豆では10
〜 11％程度が一般的です。水分は熱量の伝導媒体なのです
が、基本的に水は温めにくい性質を持ちます。よって水分量
が多い方が焙煎に時間がかかり、より多くの熱量を必要とし
ます。

　含水率には自由水の割合を示すWater Activity（ウオー
ター・アクティビティ：水分活性）という指標もあります。
適切な数値範囲に収めればカビなどの微生物の活動を抑える
ことができ、同時に生豆の品質がある程度長く保たれます。
個人的な経験則からする0.6Aw前後の範疇であれば良好で
あると考えます。

欠点／汚れ

　生豆は栽培状況やその後の生産処理によってダメージを負
うことがあります。程度の深刻な"Defect（ディフェクト：
欠点）"にはフェノール臭、発酵、カビ、麻袋臭、ポテト臭、
異物混入等があります。

　ダメージの程度がやや低い"Taint（テイント：汚れ）"には、
Grassy（青臭い）、Cereal（穀物臭：パーチメント臭）、Strawy
（藁臭）、Woody（枯れ臭）、Earthy（土臭）、Astringent
（収斂味）等の味わいが相当します。

　これらの欠点と汚れは後述する焙煎欠点とは違った形で感
じられ、潜在的に生豆が持ちうるネガティブな味わいです。

焙煎度合（Under ／ Over Development）

　焙煎度合はいわゆる焙煎の深さで、煎りが浅くなる方向を
Underdevelopment（アンダーデベロップメント）、煎りが深
くなる方向をOverdevelopment（オーバーデベロップメン
ト）と言います。焙煎度合はコーヒーの根本的なテイストバ
ランス（酸味、甘味、苦味、フレーバー、質感の配分）に決
定的に関わるので、味づくりにおいては最も重要な焙煎要素
と言えます。

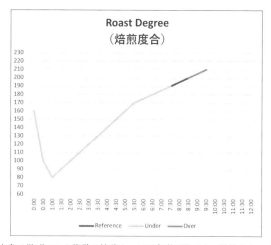

＊本書で挙げている複数の焙煎カーブは参考画像です。数値やカーブ形
　状は実際とは異なります

　焙煎の深さについてはL値やAgtron（アグトロン）と言
う光学計測器で数値化する事が可能ですが、厳密にどの地点
から浅煎りなのか？　中煎りなのか？　深煎りなのか？　と
いった点についてはロースターや焙煎者の考え方に基づく事
が常で、客観的な尺度を用いる事が困難になっています。ス
ペシャルティ業界ではAgtron尺度を用いることが多いです
が、各数値に対応した用語に関しても、それぞれのロース
ターによって用いる名称や区分が異なっています。

Agtron値とその対応用語の一例

#91以上	Light	（かなり浅煎り）
#81-90	Cinnamon	（とても浅煎り）
#71-80	Medium	（浅煎り）
#61-70	High	（中浅煎り）
#51-60	City	（中煎り）
#41-50	Full City	（中深煎り）
#31-40	French	（深煎り）
#30以下	Italian	（とても深煎り）

　故に焙煎の浅い深いは、あくまで2つ以上の焙煎豆を比較した場合に「AはBより浅い焙煎だ」、「BはAより焙煎が深い」といった様にしか形容できないのが現状です。

　焙煎の世界大会WCRC（World Coffee Roasting Championship）において、Under／Overdevelopmentの両者は焙煎における失敗例（焙煎欠点）という定義付けがなされていますが、本書では欠点という扱いではなく、あくまで**2つの異なる焙煎度合のコーヒーを比較した場合の違いを表すためにこれらの用語を使用しています。**なので、いわゆる一般的なUnder／Overdevelopmentと解釈がやや異なる事をご了承ください。

Underdevelopment

　焙煎度合が**浅く**なる事を指す。

- 酸味とフレーバーが優位になり、甘味と質感が劣位に
  なる
- 程度が強くなると渋味を伴いやすい
- 浅すぎると"Raw Burn"（ロウ・バーン：生焼け）を
  生じやすい

Overdevelopment

焙煎度合が**深く**なる事を指す。

- 甘味と質感が優位になり、酸味とフレーバーが劣位に
  なる
- 程度が強くなると苦味を伴いやすい
- 深すぎると"Scorch"（スコーチ：焦げ）を生じやすい

＊Raw Burn、Scorchについては焙煎欠点の項で解説します

　同じコーヒーを焼き分けた場合に、煎りが浅い方が深い方に比べて酸味が強く感じられ、フレーバーも感じやすくなります。反対に煎りが深いコーヒーは酸味が弱く、質感が強く感じられるはずです。
　なお2ハゼ以降のコーヒーについては崩落した食物繊維が焙煎の進行とともに崩壊していくので、ある程度強まった質感は徐々に弱くなっていくのですが、基本的に煎りが深くなると質感強度が強くなるのが通例です。

焙煎傾向（Stir Fry ／ Bake）

焙煎傾向

熱量の与え方

Stir Fry

高温短時間焙煎
攪拌が多い（対流熱増）
酸味/フレーバーが優位
渋味/塩味が出やすい
浅いとRaw Burnになりやすい

Bake

低温長時間焙煎
攪拌が少ない（伝導熱増）
甘味/質感が優位
苦味/炭化味が出やすい
深いとScorchになりやすい

　焙煎中は焙煎者が任意のタイミングで火力調整や排気調整等を行いますが、この時の熱量の与え方によるドラム内環境は2つの焙煎傾向に大別されます。それがStir Fry（ステアフライ）とBake（ベイク）です。この両者の区分も明確な分岐点は存在しないので、焙煎度合同様2つ以上の焙煎の対比の中でそれぞれの方向性を確認します。なおこの焙煎傾向はコーヒーの風味であるFlavor（フレーバー）の明確さに特に強く影響を及ぼします。

　Bakeも世間一般では焙煎欠点という扱いですが、本書では焙煎傾向というカテゴリーに組み込みました。なお"Stir Fry"はBakeに相対する概念として筆者が創造した焙煎用語です。

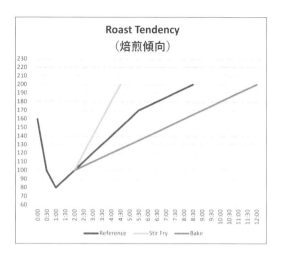

Stir Fry傾向

　高熱量／高撹拌／短時間焙煎傾向。

　焙煎時の熱量が高く、比較的短時間の焙煎。高撹拌で空気の対流が多い焙煎傾向です。Stir Fryは中華料理の炒め物の様にかき混ぜながら高温で調理する事を意味します。

物理的傾向

- ・　熱量が高い＝時間当たりの温度上昇（ROR）が高い
- ・　生豆の投入量が少ない
- ・　投入時の温度（予熱）が高い
- ・　Convection（対流熱）増加
- ・　ドラム回転速度が高い＝高撹拌
- ・　焙煎機によっては、1ハゼの温度、終了時の温度に差

異が出る事がある（特に投入量に依存する）

テイストバランスの傾向
- 酸味とフレーバーが優位になる
- フレーバーがはっきりする ＝ Solid Flavor Structure（ソリッド・フレーバー・ストラクチャー）
- 程度が強いと渋味やRoughness（ラフネス：塩味）を伴いやすい
- 質感の舌触り（Texture）は"なめらか"になる。悪化すると"水っぽく"なる

＊酸味は程度が強く、主体的になると渋味や塩味を感じやすくなる作用があります

Bake傾向
低熱量／低攪拌／長時間焙煎傾向。

焙煎中の熱量が低く、比較的長時間の焙煎。低攪拌で空気の対流が少ない焙煎傾向です。Bakeはパンやオーブン料理の様に、比較的低温でじっくりと熱量を加える調理法を指します。

物理的傾向
- 熱量が低い＝時間当たりの温度上昇（ROR）が低い
- 生豆の投入量が多い
- 投入時の温度（予熱）が低い
- Conduction（伝導熱）増加
- ドラム回転速度が低い＝低攪拌

- 焙煎機によっては、1ハゼの温度、終了時の温度に差異が出る事がある（特に投入量に依存する）

テイストバランスの傾向
- 甘味と質感が優位になる
- フレーバーが穏やかになる ＝ Dull Flavor Structure（デュル・フレーバー・ストラクチャー）
- 程度が強いと苦味やMetallic（メタリック：金属味／焦げ）を伴いやすい
- 質感の舌触り（Texture）は"クリーミー"になる。悪化すると"粉っぽく"なる

　それぞれの焙煎傾向にはメリット、デメリットがあります。熱量の強弱についてはバーナーのガス圧や電圧、又はROR（アールオーアール）という指標を参照する事でも確認が可能です。

＊ROR（Rate of Rise：レイト・オブ・ライズ）＝30秒もしくは1分ごとの温度上昇を数値化したもの

　またこれら両者の焙煎傾向におけるテイストバランスの違いは焙煎度合が深くなる（Overdevelopment）に従って大きくなっていきます。
　焙煎傾向は上記で触れた通りコーヒーの味覚要素の一つであるFlavor（フレーバー／風味）の明確さに強く影響し、熱量が高い方が、アロマが強くなってフレーバーがより明確になります。筆者はこうしたフレーバーの明度をあらわす用語

として"DFS：Definition of Flavor Structure"（ディフィニ
ション・オブ・フレーバー・ストラクチャー：風味構造の鮮
明さ）という名称を作り、**"Flavor Structure"（フレーバー・
ストラクチャー）と呼称する事にしました。**

・　DFS：Definition of Flavor Structure ＝ コーヒーフ
　　レーバーの明確さ

　もちろんフレーバー（風味）と言うものは味と香りの合成
要素なので、甘味や苦味が加わる事によって印象が変化して
いきますが、こうした香りや味は酸の成分に依存する事が多
いため、本書では Acidity（酸味）と相関する概念として解
説しています。

Tips#1：生豆投入量、排気圧と回転速度

　焙煎で変更できる項目は熱量だけでなく、生豆投入量や排
気圧、ドラムの回転速度などによってもテイストバランスに
影響を及ぼす事ができます。
　投入量は多いと *Bake* 傾向が強まり、甘味と質感が優位に
なります。少ないと *Stir Fry* 傾向が強まり、酸味とフレー
バーが優位になります。なので、投入量は焙煎傾向に大きく
影響を及ぼします。
　排気は流量を多くとるとテイストが淡麗になり、熱量が下
がって *Bake* 傾向が強くなります。流量が少ないとテイスト
が濃厚になり熱量が上がって *Stir Fry* 傾向になります。

　排気は一定量行わないと適切な排煙ができず、焦げ臭が付着するリスクがあります。逆に排気をとりすぎると、焙煎機の温度計が焙煎機上部にある場合、温度表示が大きく上昇し、再現性のある検証ができなくなるリスクが高まります。基本的には排気の過不足のない *Neutral*（中立点）をまず維持する事がスタートポイントになります。

　ドラム回転速度は速くすると *Stir Fry* 傾向が強くなり、遅くすると *Bake* 傾向が強くなります。回転速度制御は焙煎時の伝熱における伝導熱（*Conductive*）と対流熱（*Convective*）の割合を変更する作用があります。回転速度を上げると熱風焙煎機の特性に近づき、焙煎時間は短くなってテイストはやや希薄になります。速度を下げた場合は直火焙煎機の特性に近づいて焙煎時間は長くなります。テイストは濃厚になるものの、苦味や焦げも同時に発生しやすくなります。

焙煎期間のフェーズ分解

　大まかな焙煎傾向は前出の通りですが焙煎中における各過程は3つに分割して考えるのが現在は一般的です。もっと細分化しても構わないのですが、大まかに“焙煎初期”“焙煎中期”“焙煎後期”に分かれます。

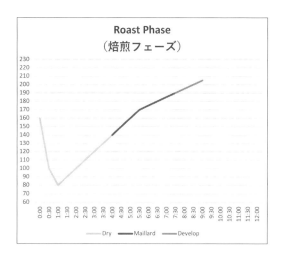

焙煎初期：Drying Phase

　生豆の投入から黄金色に色づくGold Color（ゴールドカラー）までの焙煎期間を"Drying Phase（ドライングフェーズ）"と言います。この期間では生豆の水分が蒸発して乾燥が進みます。

焙煎中期：Maillard Phase

　Gold Colorから豆の体積が急激に膨張する1st Crack（ファーストクラック）＝"1ハゼ（水蒸気による膨張炸裂）"までの期間を"Maillard Phase（メイラードフェーズ）"と言います。この期間はアミノ酸と糖類が結合するメイラード反応が促進され、同時にショ糖のカラメル化も始まります。

焙煎後期：Development Phase

　1ハゼ開始から焙煎終了時までの期間を"Development Phase（デベロップメントフェーズ）"と言います。この期間ではコーヒーの味わいや香りに関する化学成分が熱量によって積極的に転化する期間です。テイストが発達する期間ではあるものの、転化した味覚／香気成分は焙煎の進行によって焼失もしくは更なる転移が進んでいきます。この期間を継続すると2nd Crack（セカンドクラック）="2ハゼ"と呼ばれる二度目の膨張炸裂が発生します。

　全体の焙煎時間に対してこのDevelopment Phaseが占める割合を数値化したものをDTR：Development Time Ratio（ディーティーアール：デベロップメントタイムレシオ）と言います。

・・・・・・

　これら3つの焙煎期間においては、上記で示した焙煎傾向をそれぞれに当てはめる事で様々なテイストバランスの設計を行う事が可能になります。

　"焙煎初期（Drying Phase）"では主にコーヒーの酸味と質感のバランスを調整する事ができます。この期間でStir Fry傾向を適用すると酸味が明確になって質感が軽くなります。反対に投入温度を下げる、もしくはBake傾向を適応すると質感が重くなって酸味の印象が和らぎます。

　"焙煎中期（Maillard Phase）"ではフレーバーの明確さ（DFS）に影響を及ぼします。この後に続く**1ハゼの直前でどのくらいの熱量がかかるかによってFlavor Structureの**

強さが変わってきます。高い熱量を掛けてStir Fry傾向で1ハゼを迎えるとフレーバーははっきりします。反対に低い熱量のBake傾向を適用するとフレーバーは穏やかになります。

　"焙煎後期（Development Phase）"ではテイストバランスの微調整が可能になります。酸味とフレーバーを優位にしたい場合はStir Fry傾向で焙煎を終了し、反対に甘味と質感の方向に振る場合にはBake傾向を適用します。

　必要であればこれらのフェーズ毎の焙煎傾向を変更する事によって、より様々なテイストバランスの調整が可能になります。

Tips#2：果たしてそれは重要なのか？　水抜きとGold Color

　焙煎には"水抜き"又は"Gold Color（Point）"と呼ばれる焙煎の通過点があるとされています。焙煎に関わる人の多くはこの2つのいずれか、もしくは両方に強い関心があります。

　両方とも1ハゼと呼ばれる炸裂現象の前の通過点を示しており、"水抜き"は焙煎における余剰水分を除去する事を指します。焙煎初期〜中期にかけてやや低い火力で推移する事で余計な水分を減らしていき、フレーバーの前駆体成分の転化をより積極的にするための動作として認知されています。

　この水抜きの完了は主に焙煎者の**嗅覚**によって判定されます。水抜きを行わないと成分の転移が十分に行われず、クリーンカップを阻害してフレーバーの発達を妨げると言われてきました。反対にやりすぎるとフレーバーの前駆体成分を喪失し、フラット（平坦）になるとも言われていました（乾

燥が進むと1ハゼが来づらくなる）。

　"Gold Color"もほぼ同じような意味合いでとらえられています。メイラード反応が活発になる地点とされ、この変色地点への到達が早すぎると、上記のごとく脱水不良となり、長すぎるとフレーバーの前駆体成分を失うとされています。焙煎開始からこの地点までをDrying Phaseと言い、Gold Colorから1ハゼまでをMaillard Phaseと言います。Gold Colorの判定はこの2つのPhaseの中継地点のような位置づけになっています。Colorと書かれているので、この地点は**目視**で確認します。

　・水抜き＝蒸気が落ち着き、生臭さが消える地点
　・Gold Color＝生豆の緑色が、黄金色に変色する地点

　水抜きの場合、投入後7〜8分位に到達するのが一般的で、Gold Colorの場合は4〜5分位が一般的です。いずれも火力操作してこれらの範疇に収めるように焙煎を進めます。両方とも火力操作の目安という位置付けですが、両者の焙煎進行度合は異なります。水抜きの方が完了時の色合いが濃いので、Gold Colorより焙煎が進んでいます。

　業界一般としてはGold Colorの概念の方が世界的に普及していると思います。なぜなら香りでの水抜き判定はその場にいないと分からないし、視覚化できないからです（匂いは画像で残せない）。

　筆者はずいぶん長らくこの両方の焙煎を行ってきました。

個人的には香りで確認する "水抜き" の方を重視していました。生豆は生産処理や密度といった物理特性でかなり色づき方が異なったからです（特に密度が違うとバラバラ）。しかし一方の水抜きも香りを嗅がなければいけないので、自身の体調にすごく左右されました。特に花粉症のシーズンはホントにつらいです。まったく香りがとれません。なので、どちらも一長一短がありました。

【水抜き＝香りの確認】
・体調に左右される
・自身の指針を他人と共有しにくい
・どの香りが水抜き完了なのか人によって見解が異なる

【Gold Color＝色の確認】
・生豆の状態によって色づき方や色調が異なる
・光源によって色合いが異なって見える
・どの色がGoldなのか人によって見解が異なる

Gold Color?

　どちらの場合も、"どの地点が適当なサインなのか？"と"判定方法の一貫性を保てるのか？"という2点において致命的にコンセンサスがとれません。結局ロースターさん個人の目安にしかなりません。

　という事で筆者はついにこれらの概念から少し距離を置く事にしました。今までのコーチングや競技会、そして様々なカッピングからこうした中間地点の観測は著しく一貫性がなく、コーヒーの焙煎評価において基本的に必要がないという結論に達しました。これらの概念にはカッピングの実証実験において再現性の高い、明確な相関性が見られなかったからです。

　焙煎初期に時間を掛けなければいけないとされる上記の理屈からすると、短時間焙煎は絶対NGになってしまいますが、水抜きが不十分とされる焙煎でも、*Gold Color*へ到達時間が短い焙煎でも、焙煎豆に**発達不十分なフレーバーを感じなかった事がありました**。物によっては逆に**良く発達していた物**もあった訳です。

Tips#3：定まらない1ハゼ

　*1ハゼ = 1st Crack*は聴覚で感知しやすい物理現象です。この炸裂現象によってコーヒー豆に隙間が多く発生し、そこから熱量が内部に入り込むとともに"発熱現象 = *Exothermic*

Reaction" が開始されます。

　物理的に焙煎状況が激変するので、かなり重要なポイントです。1ハゼから終了時までの時間を *"Development Phase"* と言いますが、この1ハゼ前後でコーヒーのフレーバーが最も発達します。

　とても重要な現象なのですが、これまた焙煎時の状況が異なると一定の温度や強さで1ハゼが来ません。下記一例です。

　・投入量や火力が異なると1ハゼ開始の温度表示が変わってしまう事がある（焙煎機の設計に依存する）
　・ナチュラルや水分の多いマンデリンなどは外皮が柔らかいので、体積膨張で外皮が伸びてしまい、結果1ハゼ開始が遅くなる＝やや高い温度で来る事がある
　・パカマラ種等の大粒種はスクリーンが大きいので炸裂のためのエネルギーを多く必要とし、よってこれも1ハゼが遅くなる＝やや高い温度で来る事がある
　・生豆の状態や火力の強さによって炸裂の強さも変わるので、特に弱い場合、どの時点を1ハゼ開始とするのかが不明瞭で一貫性を欠く

＊上記いずれの場合も焙煎機の種類や設計、個体差、温度計の位置、検針の太さによって変動します

　特に Loring 社（ローリング：熱風焙煎機）のような騒音が大きい焙煎機だと炸裂音が聞こえないので、厳密な1ハゼ開始を特定する事自体がナンセンスだったりします（こうした場合はテストスプーンで抜いてみて、豆が振動する挙動を

見せたら1ハゼと判定する）。

　近年では1ハゼを検知できるようなセンサーやロギングシステムが開発されていますが、信頼性の検証はまだ始まったばかりです。

　なお焙煎終了時の温度表示（排出時温度）も1ハゼ同様、焙煎機の設計や与える熱量、投入量などによって焙煎度合が変動する場合があるので注意が必要です。

焙煎欠点（Raw Burn／Scorch）

　結果的に焙煎したコーヒーがたとえ生焼けであろうが、焦げていようが、焙煎者自身が納得した上での味づくりであれば、焙煎欠点という定義付けは本来無意味なものです。しかしながら巷ではいわゆる生焼けや焦げ味を忌避する傾向があるのもまた事実です。よってここではそうした多くの方がイメージする焙煎における欠点を取り上げます。

＊生豆分析の項で述べた生豆欠点／汚れとは違った形で下記のような味わいを表します

Raw Burn（ロウ・バーン）：生焼け

　豆内部への熱量伝達不足により、テイストの前駆体成分が十分に転化しなかった状態です。ナッツ臭、野菜臭、収斂味などが現れます。焙煎傾向によって発生する生焼けのフレーバーが異なり、共にUnderdevelopmentの度合が強い（焙煎が浅い）と生じやすくなります。この用語は筆者が作りまし

た。

＊生焼けは一般的には"Underdevelopment"として認知されています

Stir Fry傾向の生焼け

　主にナッツや乾燥した穀物様のフレーバーが感じられます。Nut、Straw、Hay、Cereal、Bread（ナッツ、藁、干し草、穀物、パン）などが相当します。加えて酸味が強く、質感は軽くなります。熱量（ROR）が高く、Development Phaseが極端に短いとより顕著になります。

Bake傾向の生焼け

　主に草や、野菜のようなフレーバーが感じられます。Green、Grass、Vegetative、Citrus Peel（青い、草、植物、シトラスピール）などが相当します。酸味は単調で印象がはっきりせず、質感は重くなります。熱量（ROR）が低すぎて1ハゼが明確に来ない、もしくは発生しない場合にはより顕著になります

Scorch（スコーチ）：焦げ

　熱量が生豆表面に集中し一部炭化が始まってしまった状態です。Bitter、Burnt、Iron、Carbon、Pepper、Dry、Pungent、Astringent（強い苦味、焦げ、鉄味、炭化味、胡椒、辛味、指すような刺激、強い収斂味）等のフレーバーが感じられます。OverdevelopmentでBake傾向が強く出ると生じやすく、特に1ハゼ以降のDevelopment Phaseでの時間が長く、Bake傾向が強い場合により顕著になります（高温のドラム面との

接触時間が長くなるため)。

　排気が一定量行われないと煙が再付着し発生しやすくなります。特に直火式焙煎機は発生頻度が高くなります。火炎の輻射熱は物体の表面を温める性能が強く、また崩落したチャフやシルバースキンなどがバーナーに燃やされて煙を生じるためです。

　こうした焦げ味は主要テイストであるMouthfeel(質感)を構成する3要素の内、特に後口(Finish)に影響を及ぼし、液体の余韻に不快な刺激や炭化味をあらわします。

　なお留意したいのは高熱量要因でのScorchは生じないという点です。高熱量(高火力)は焙煎速度を速めるのみで、焦げの直接的原因にはなりません(Tips#4参照)。

　また誤解されやすいのですが、焙煎が深めに推移して生じる"Roasty(ロースティー：焙煎香)"と"焦げ"は異なります。しかしながら両者が混同されているケースが多いのが現状です。それはカッピングにおいて、焙煎が評価の適正なレンジから深めに推移した物を"Burnt(焼け焦げ)"と表現する事にも起因していると考えられます。

Tips#4：焦げの誤解

　Scorchは焦げの事ですが(Charとも言う)、焙煎の深さから来るコーヒーの苦味ではなく、胡椒や炭、金属臭や辛味といった刺激的な炭化した味を指します。排煙不足やドラム壁面への長時間接触が主な要因です。なので、Overdevelopmentときちんと区別しないといけません。

　そして**実は高火力要因でScorchは発生しません。**仮に1ハゼ後のDevelopment Phaseで高火力を維持しても焦げる事はありません。"焙煎進行が早くなる"のみです。

　そう……。高火力は焦げの原因にならないのです。「焦げた!?」と思ってしまうのは、想定よりも早く焙煎進行してしまい焙煎が深くなりやすいからです。

　実は低火力、Bake傾向の方が焦げます。

　どういう事か……。

　生豆が接する鉄板は温度が高いのですが、十分に加熱していないと鉄板の吸着水（化学的に金属に結合している水分子）が揮発せず、タンパク質と金属の吸着性が高くなるので焦げやすくなります（80℃でくっつくのでドラム壁面温度をそれ以上に保つ必要がある）。吸着水は250℃で完全に分離するため、焦げ回避のためには焙煎機のドラムは200〜250℃位まで一度昇温させる必要があります。

　例えばお肉を焼く時はくっつかないように、必ず煙が出るまでフライパンを熱しますね？

　そうする事で鉄板の温度ムラをなくし、高温を維持する事によってタンパク質の吸着性を排除しているのです。という事はある程度投入温度や予熱は高くしておく必要があります。

　さらに攪拌についてですが……。

　中華料理のチャーハンを引き合いに出すと分かりやすいですが、高火力で鍋をあおって攪拌を促進し、対流熱優位にするとパラッとしたチャーハンになります。逆に鍋をあおらないで低火力でチャーハンを作ると焦げ付いてベタッとした仕上がりになります。

　つまりは生豆の鉄板への接触時間を短くし、生豆の鉄板へ

の接触回数を増やす（**高撹拌**）と焦げにくくなります。
（*Stir Fry*傾向）

　撹拌を向上させるには、生豆の投入量を少なくしたり、ドラムの回転速度を上げたりする方法があります。

　なおタンパク質は200℃を超えると変異して焦げやすくなってきます。特に深煎りの場合、*Development Phase*で時間がかかるとすごく焦げやすくなります。よって焦げを回避したいのなら、高火力／高撹拌を維持して、**焦げる前に焙煎を終了させる必要があります。**

焙煎ケーススタディー

　今まで焙煎における諸条件や用語、傾向などを解説してきましたが、ここでは一旦のまとめとして、ある特定のテイストバランスの実現を狙ったケーススタディーを一例として挙げてみたいと思います。かなり簡潔に表現していますが、簡潔であるがゆえに理解やイメージがつきやすくなるのではないかと思います。

焙煎ケーススタディー

1.　浅煎りでフレーバーを最大化して酸味を明確にしたい
⇒焙煎度合をUnder方向に、焙煎傾向をStir Fryに、投入温度を高く維持する

2.　深煎りでフレーバーを出しつつ、甘味/質感を強めたい
⇒焙煎度合をOver方向に、焙煎傾向をStir Fryに、投入温度を低く維持する

3.　浅煎りでフレーバーを繊細に、質感も軽くさわやかにしたい
⇒焙煎度合をUnder方向に、焙煎傾向をBakeに、投入温度を高く維持する

4.　深煎りで甘味/質感を強く、苦味/パンチを効かせたい
⇒焙煎度合をOver方向に、焙煎傾向をBakeに、投入温度を低く維持する

ケーススタディー

1.浅煎りでフレーバーを最大化して酸味を明確にしたい
⇒焙煎度合をUnder方向に、焙煎傾向をStir Fryに、投入温度を高く維持する

2.深煎りでフレーバーを出しつつ、甘味／質感を強めたい
⇒焙煎度合をOver方向に、焙煎傾向をStir Fryに、投入温度を低く維持する

3.浅煎りでフレーバーを繊細に、質感も軽くさわやかにしたい
⇒焙煎度合をUnder方向に、焙煎傾向をBakeに、投入温度を高く維持する

4.深煎りで甘味／質感を強く、苦味／パンチを効かせたい
⇒焙煎度合をOver方向に、焙煎傾向をBakeに、投入温度

を低く維持する

　このようにある程度計画的にテイストバランスを設計する
事ができます。上記の場合、1番はStir Fry傾向のRaw
Burn（生焼け）。4番はScorch（焦げ）が発生しやすくなる
可能性があります。なお詳細は省きますが3番の焼き方だと
生豆由来の枯れ臭と呼ばれるWoody（ウッディ）フレーバー
を軽減する事ができます。

Roast Designの手順

　焙煎における諸要素や挙動の特性が理解できたらいよいよ実際の焙煎プロファイルを組み上げていきます。その手順が下記のステップになり、それぞれ調整できる味覚項目があります。

①生豆投入量設定
②焙煎度合設定
③焙煎傾向設定
④投入温度設定
⑤排気調整設定
⑥ドラム回転速度設定
⑦各設定項目の微調整と諸注意

　最初の①と②以外はどの順番から始めても構わないのですが、まずはどの程度の量を焙煎するのかが重要です。焙煎量はお店の経営方針や作業効率などのコストや売上に関わってくる部分だからです。

①生豆投入量設定

　生豆の投入量はフレーバーの明度である"Flavor Structure"に大きく影響を及ぼします。筆者は焙煎機の容量の半分をまず焼いてみる事をお勧めします。6kg窯だったら3kgを投入してみます。半分の量だとちょうど真ん中で分かりやすいし、量を増やす事も減らす事もできるので、それぞれの違いを比べ易い利点があります。なお焙煎すると水分が蒸発するので、重量が15 〜 20％ほど目減りします。

　・投入量が多い⇒甘味と質感が優位になり、酸味とフレーバーが劣位になる
　・投入量が少ない⇒酸味とフレーバーが優位になり、甘味と質感が劣位になる

＊投入量が少ない方がフレーバーは明確になります（Solid Flavor Structure）

　投入量が多いとドラム壁面からの伝導熱の割合が増えます。多すぎると苦味を生じやすく、刺激味、炭化味、鉄味等の焦

げ味を伴う事があります（Bake 傾向）

　投入量が少ないと生豆が空気に接触しやすくなり対流熱の割合が増えます。少なすぎると渋味を生じやすく、収斂味や塩味を伴う事があります（Stir Fry 傾向）

　また投入量の変更は温度計の検針への当たり方が変わるので、温度表示が大きく変わる場合があります。

②焙煎度合設定

　次に焙煎度合を決めます。コーヒーの根本的なテイストのバランスを決定するのは焙煎の深さです。

　・焙煎が深い（Overdevelopment）⇒甘味と質感が主体的になる
　・焙煎が浅い（Underdevelopment）⇒酸味とフレーバーが主体的になる

　焙煎が浅いと渋味を生じやすく、焙煎が深いと苦味を生じやすくなります。

　極端に浅い場合は Raw Burn（生焼け）が発生し、極端に深い場合には Scorch（焦げ）が発生します

③焙煎傾向設定

　焙煎時の熱量の高さは、投入量と同じくフレーバーの明度

である"Flavor Structure"に影響を及ぼします。熱源がガスであればガス圧、電気の場合は出力ダイヤルで熱量の強さを調整します。

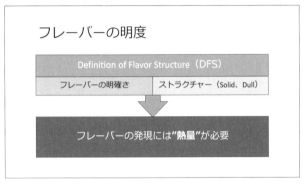

・熱量が高い⇒酸味とフレーバーが強くなる。甘味と質感は弱くなる
・熱量が低い⇒甘味と質感が強くなる。酸味とフレーバーは弱くなる

＊熱量が高い方がアロマの発達が促進され、フレーバーは明確になります（Solid Flavor Structure）

こうした熱量の強弱（焙煎傾向）を上記で触れた3つの焙煎期間、"Drying Phase"、"Maillard Phase"、"Development Phase"のそれぞれに当てはめると、大まかに以下のような8種類の組み合わせを行う事ができます。

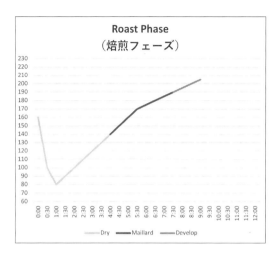

・焙煎初期（Drying）：酸味と質感の強度バランスの調整

・焙煎中期（Maillard）：フレーバーの明確さ＝DFSの強度調整

・焙煎後期（Development）：全般的なテイストバランスの微調整

Roast Phase分割① Drying/Maillard/Development

Stir Fry/ Stir Fry/ Stir Fry	強火/ 強火 /強火

- 強Stir Fry傾向。酸味/フレーバーが強く、甘味/質感が乏しい。
- 渋味/塩味が出やすい（Underdevelopmentの場合"Raw Burn"になりやすい）。

Stir Fry/ Stir Fry/ Bake	強火/ 強火 /弱火

- 酸味/フレーバーが強い。後半で甘味/質感を作って酸を少し抑える。

Stir Fry/ Bake/ Stir Fry	強火/ 弱火 /強火

- 前、後半に酸味を形成。フレーバーは弱め。

Stir Fry/ Bake/ Bake	強火/ 弱火/ 弱火

- 前半に酸味を形成。中後半に質感/甘味をプラス。フレーバーは弱め。

＊熱量がかなり高い強Stir Fry傾向では渋味や塩味が生じやすくなります。これを解消するためには火力を下げるか、焙煎度合を深くする必要があります。逆に焙煎度合がUnderdevelopment（浅い）であることによって渋味、塩味が出ている場合にはBake傾向を適用するとある程度相殺できます

Roast Phase分割② Drying/Maillard/Development

Bake/ Bake/ Bake	弱火/ 弱火/ 弱火

- 強Bake傾向。甘味/質感が強く、酸味/フレーバーが乏しい。
- 苦味/金属味が出やすい（Overdevelopmentの場合"Scorch"になりやすい）。

Bake/ Bake/ Stir Fry	弱火/ 弱火/ 強火

- 甘味/質感が強い。後半で酸味や明るさをプラス。フレーバーは弱め。

Bake/ Stir Fry/ Bake	弱火/ 強火/ 弱火

- 前、後半に甘味/質感を形成。フレーバーはしっかり。

Bake/ Stir Fry/ Stir Fry	弱火/ 強火/ 強火

- 前半に甘味/質感を形成。中後半に酸味をプラス。フレーバーはしっかり。

＊熱量がかなり低い強Bake傾向では苦味や焦げ味が生じやすくなります。これを解消するためには火力を上げるか、焙煎度合を浅くする必要があります。逆に焙煎度合がOverdevelopment（深い）であること

によって苦味、焦げ味が出ている場合にはStir Fry傾向を適用すると
ある程度相殺できます

　上記は一例なので、参考程度に考えてください。実際の焙
煎にはこれ以外にも複数の要因が影響するからです。
　なお焙煎傾向の違いも温度計表示に影響を与える事があり
ます。同じ焙煎度合を目指しても、Stir Fryの場合は高い温
度表示で、Bakeの場合は低い温度表示がされる場合があり
ます（焙煎機の設計による）。

④投入温度設定

　投入温度（予熱）の調整はコーヒーの酸味と質感の強度バ
ランスに大きく影響を及ぼします。生豆投入後の最下点の温
度は"Bottom：ボトム（中点）"と呼ばれ、90 ～ 100℃辺り
を目安としているケースが多いです。あまりボトムの温度が
低いと焙煎にかなり長い時間がかかるためです。

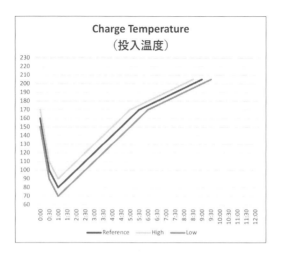

　しかし、焙煎機によってはどんなに予熱を与えてもボトム温度があまり上がらない物もあります（温度計の材質、直径、設置位置等で変わる）。その場合は70 ～ 80℃辺りを目標にまずは設定してみるといいかもしれません。

　なおボトム温度自体があまり正確でない事もあるので（投入温度が異なってもボトム温度があまり変わらない事がある）、その場合は投入温度を目安にした方が作業は安定するでしょう。

　・投入温度が高い⇒酸味が強く、質感が弱くなる
　・投入温度が低い⇒質感が強く、酸味が弱くなる

＊投入温度は酸味と質感の強度バランスと、Clean Cup性能に影響します

　投入温度は質感の舌触り（Texture）や後口（Finish）にも影響を及ぼします。投入温が高い方が液体の透明度（Clean Cup）を維持しやすくなりますが、高すぎると渋味や塩味を生じやすくなります。反対に投入温度が低いと苦味や焦げを生じやすくなます（Tips#4 焦げの誤解参照）。

　なお焙煎時の熱量環境は季節や気候による外気温、湿度、気圧等の影響を受けます。東京の場合、冬場では暖機に時間がかかってボトムの温度も落ちやすいので、予熱が足りないと焙煎の前半で温度が上がりづらくなります。逆に夏場は湿度が高くて気圧（空気密度）がやや低いため、焙煎の後半で温度が上がりづらくなることがあります。

⑤排気調整設定

　焙煎時に発生した煙や水蒸気を排気する装置を"ダンパー"や"サイクロン"と言います。基本的に排気を増やすと焙煎時の熱量が下がります。

　ダンパーで排気圧を変更すると焙煎機の種類や設計によっては温度計の表示が大きく変わる事があります。影響を受けやすい温度計（焙煎機上部設置）は排気を多くすると温度表示が上がりやすくなります。温度計の検針が豆より先に熱風に温められるためです。逆に影響を受けづらい温度計（焙煎機下部設置）はそれほど変化を見せません。

　排気調整は味覚の全般要素であるテイスト（甘味、酸味、苦味、フレーバー、質感）の明確さにも関わってきます。

半熱風式焙煎機の排気設定

　排気をとるとCleanになりやすいのですが、成分が風で揮発していくのでテイストが希薄でぼんやりします。乾燥が進むため、焙煎初期（Drying Phase）での焙煎進行は早まるのですが、過度になると中後半にかけて熱量が下がり、全体の焙煎時間が長くなって焦げる事があります（冷却作用よるBake傾向）。

　排気を少なくするとテイストがしっかりしやすいのですが（蓄熱作用）、ある程度排気できていないと煙が再付着して焦げ味を伴ったり、テイストその物が煙にマスキングされて透明性を失ったりします。

熱風式焙煎機の場合の排気設定

　排気をとるとCleanになりやすく、酸味とフレーバーが強くなります。温かい空気の流入が増えるので焙煎時間が短くなります（Stir Fry傾向）。

　排気を少なくすると酸が穏やかになり、質感と甘さが出てきますが、温かい空気がドラムに入っていかないので焙煎時間は長くなります（Bake傾向）。

　構造上、熱風式の場合は排気をとらないと、熱風がドラム内に流入していかないので、ある程度の排気流量を確保する必要があります。

⑥ドラム回転速度設定

　一部の焙煎機にはドラムの回転速度（Hz、RPM：ヘルツ、

アールピーエム）を調整できる機構があります。回転速度を変更すると伝熱方法（伝導、対流）の割合が変わります。

・回転速度を高くする⇒対流熱割合（Convection）が増え、テイストが淡泊になる
・回転速度を低くする⇒伝導熱割合（Conduction）が増え、テイストが濃厚になる

＊ドラム回転速度はテイストの強弱と、Clean Cup性能に影響します

　回転速度を上げるとCleanで酸が明るくなりますが、テイストが希薄になっていきます。回転速度を下げていくとテイストがしっかりする反面、苦味や焦げ味が感じられるようになっていきます。
　なお回転速度を上げると対流熱割合が増えて焙煎時間は短くなります（Stir Fry傾向）。下げると焙煎時間が長くなります（Bake傾向）。

⑦各設定項目の微調整と諸注意

　一通り焙煎プロファイルを設定できたら再度各部を点検し、微調整を行います。各項目で調整できる部分は独立していたり重複していたりする部分もあるので、必ず一か所ずつ変更を加えて整えていきます。同時に複数のパラメーターを変更すると、出来上がった結果がどの要因で得られたものかが分からなくなります。なので、例えば回転速度だったら、他の

条件は変えないで、まず回転速度の違う焙煎を複数行って、イメージに近い物を選び出します。そしてまた別の項目に進んでいくのです。

なおこうした焙煎設計＝Roast Designを円滑に行うためには正確で安定性の高い計測機器が必要不可欠なのですが、特に温度計については各焙煎機のメーカーの設計や温度計の設置位置によって挙動が安定しない事が多いのが現状です。

設計思想が比較的新しい焙煎機は豆温度センサーの検針の直径が3mm程度と細くなっており、なおかつドラムの下の方の位置に設置されています。こうした温度計は焙煎機の排気圧による熱風の影響を受けにくく反応が早いです。さらに焙煎熱量や、焙煎傾向が変わっても比較的安定した温度表示を得る事ができます。

しかし、やや設計思想が古い焙煎機の場合、テストスプーンの位置に豆温度計が設置されている事が多く、こうした焙煎機はテストスプーンを取り出すたびに温度計表示が不安定になります。さらに熱風の排気経路に近い位置に温度計があるため、ダンパーを開くと1ハゼ時の温度が上がったり、予定していた焙煎度合でも表示される温度が変わってしまう事があります。

温度計は再現性のある焙煎を行うにあたって必要な機器ですが、焙煎状況によって不安定になる場合には豆の香りや色合いなどで焙煎の進行確認や、焙煎度合の判定を行う他ありません。そうした場合は焙煎者の体調や力量に焙煎品質が左右されてしまうリスクがあります。

また焙煎機のメーカーやサイズによっても温度計の表示は異なります。例えば筆者が使用しているサンプル焙煎機

COFFEE DISCOVERY 250g窯（コーヒー・ディスカバリー）は生豆125gを投入して焙煎すると、現在のプロファイルでは大体195℃位で1ハゼが来ます。しかし同じ投入量でもガス圧を上げると200℃以上で1ハゼが来ます。

　Roast Design Coffeeで使用しているFUJI ROYAL（フジ・ローヤル）半熱風5kg窯は2kgの生豆投入の場合、173℃位で1ハゼが来ます。しかしガス圧を大幅に上げすぎると1ハゼ時の温度表示が不安定になり著しく信頼性を損ないます。同時に煎り上がりの温度もガス圧や投入温度から影響を受けるので、正確な予熱管理を行わないと温度表示の一貫性が保てません。

　ドイツ製PROBAT（プロバット）の半熱風5kg窯は2.5kgの生豆投入の場合、200℃近くで1ハゼが来ます。ダンパーを開けて排気を拡大するとさらに温度表示が上昇します。煎り上がりの温度も変化します。

　オランダ製GIESEN（ギーセン）の半熱風6kg窯は3kgの生豆投入の場合190℃台前半で1ハゼが来ますが、旧モデルは180℃台で来ます。GIESENの場合はドラムの下の方に温度計があるのでそれほどガス圧や排気圧の変化に影響を受けませんが、検針（プローブ）の直径が6mmから3mmに変更されたため、モデルの新旧で10℃程温度感が異なります。

World Coffee Roasting Championshipの大会認定機GIESEN社の6kg焙煎機と
PROBAT社の1950年代製15kg焙煎機 (写真協力LEAVES COFFEE ROASTERS)

・・・・・・・・

　このようにメーカーや設計が異なると表示される温度がみんなバラバラです。こうした偏差はお店に来ているガス種の違いや、焙煎機の個体差、気圧や湿度などにもさらに影響されてきます。なので、巷で公開されている焙煎方法の温度や、有名ロースターの焙煎プロファイルを知る事ができても、それらの数値をそのまま採用する事ができません。こうした難しさもあって焙煎方法においては共通の認識やコンセンサスを得る事ができないという状況に陥っています。

　筆者の焙煎におけるアプローチは特定の温度や焙煎方法に固執しません。あくまで焙煎の挙動とそれに対する傾向をまとめた物なので、既存の焙煎方法やアプローチを否定するものではありません。逆に全ての焙煎を肯定し内包します。

　冒頭でも述べましたが、意図して得られた結果には何の問題もありません。どういった味わい、どういったテイストバランスの焙煎を行うかは、まさに焙煎者にゆだねられているのです。

Roast Design CoffeeのRoast Design

　それではRoast Designの章の最後に私たちが運営するRoast Design Coffee（以下RDC）での焙煎設計の変遷を記しておきたいと思います。開店から現在まで少しずつアップデートしており、今後も変わっていくと思いますが、変遷の過程の意図を皆様と共有できれば幸いです。

【概要】

- 焙煎機：FUJI ROYAL R-105半熱風5kg窯
- 投入量：1.9kg
- 投入温度：130℃
- 想定ボトム98 〜 102℃
- ガス圧：1 kpa固定
- ダンパー：ダイヤル6 〜 7
- 1ハゼ：約173℃
- 終了温度：約185 〜 185.5℃
- Development Time：1分以内
- Roasting Time：8分30秒〜 9分

＊生豆の状態、外気の状況、季節によって温度／焙煎時間は変動します
＊温度は焙煎機によって数値表示が異なるので参考程度に考えて下さい

　まずRDCのテイストバランスの方針ですが、カッピングに適した浅煎りの焙煎レンジをコアに酸味とフレーバーを重視し、甘味と質感を少し削いでいく事にしました。これは当店の顧客プレゼンテーションとして、コーヒーの個性である酸味／フレーバーを前面に出す事によって各コーヒーの個性の違いを鮮明に体験してもらいたかったからです。

　なぜ焙煎機にFUJI ROYALを選んだのですか？　とよく聞かれるのですが、導入コストが他社の焙煎機よりも安く、かつ希望のクオリティーのレンジが十分達成可能であったためです。

　開店当初は2.5kgの生豆を投入していました。Flavor Structureが弱かったため、2.2kgに減らし、現在では1.9kg

で焙煎しています。1.8kgも試しましたが酸味が強く、甘味と質感が乏しくなったので1.9kgに戻しました。テイストバランス、作業効率、コスト、クオリティーコントロールの観点から今のところ1.9kgで落ち着いています。

　ガス圧も当初は0.8kpaでしたが同じくFlavor Structureが弱かったため1kpaに上げました。焙煎中は終始このガス圧で固定しています。必要なフレーバーの発現に必要なガス圧は1kpaと判明した後、Drying Phase、Maillard Phase、Development Phaseで焙煎熱量を変更して検証しましたが、結果的に特にガス圧を変更する必要がないと判断しました。Development Phaseでもそのまま1kpaの熱量を掛ける事で希望の酸味の明るさとフレーバーを維持する事にしました。各3フェーズの焙煎傾向としては"Stir Fry ／ Stir Fry ／ Stir Fry"にあたるかもしれません。

　投入温度はボトム温度100℃を分岐点に検証を行いました。90℃前半では苦味や雑味が感じられてCleanさが失われ、同時に質感が重くなってしまったので、温度を上げる事にしました。しかし105℃を超えると今度は質感が軽く渋味を伴ったシャープな酸味になってしまったため、ボトム温度98～102℃を目標にして投入温度を130℃の辺りに設定しました（実際には外気温を加味して温度調整します）。

　ダンパーは中立点よりやや引きの強いダイヤル6～7に設定し、ややテイストを失ってもCleanさを重視する事にしました。テストスプーン口に風量計をかざすと風速0.7m／secで表示されます。

　ドラム回転速度はインバーターがないので変更できません。よって投入量の設定で攪拌具合を変化させています。

　FUJI ROYAL も焙煎傾向によって温度表示が変わる焙煎機です。2.2kg投入の時は184℃で終了していましたが、1.9kg投入はでStir Fry傾向が強くなったため、同じ焙煎度合を達成するためには少し温度を上げて185 ～ 185.5℃程度で焼き上げる必要がありました。

　Development Timeは1分もしくはそれ以内を目安にしています。あまり長くなると酸の明るさを失って質感が重く、また苦味と焦げのニュアンスが出てくるからです。DTRは特に重視していません。

　終了時間は極端に変わらなければ早くなっても遅くなっても特に気にしません。RORや温度カーブは意外とあてにならない時があります。例えばガス圧が異なるのにほとんど同じ焙煎時間、Development Timeで焙煎が終了される事があったります。こうした場合、見た目のカーブ上では同じにしか見えないのですが、実際には明確な味の違いが出ます。供給熱量のエネルギーが異なるからです。カーブよりも実際のガス圧値などの供給熱量を重視し、またカッピングの結果が良ければあまり焙煎時間にはこだわりません。

・・・・・・・・

　以上の様に焙煎設計：Roast Design を行っている訳ですが、1つ注意したいのはあくまで結果が全てという事です。想定するテイストバランスと再現性のある結果を得るために、RDCでは温度やDevelopment Timeの目安を指標化していますが、今回提示した数値はどなたにも推奨するものではありません。なので、読者の皆様にはご自身の検証から得られ

た結果をもとに、ご自身が思い描く最高の焙煎をRoast Designを通して実現していただければ幸いです。

　私の述べてきたRoast Designの手法やアプローチは焙煎の"浅い、深い"を問いませんので、ぜひ自由に思う存分焙煎を楽しんでみて下さい。

～*～インターミッション～*～

サンプルロースト修行

　前職はワタル株式会社というコーヒーの生豆を扱う商社に勤めていたのですが、新人の営業の最初の仕事はコーヒーのサンプル焙煎です。

　生豆専門商社、それもスペシャルティの比重の多い商社だったので、一年を通して様々な国から売り込みサンプル、船積み前サンプル、到着サンプル、COEのオークションサンプル等、膨大な量のサンプルがひっきりなしに届きます。

　もちろんコマーシャルグレードも扱っているので、ローグレードからハイコマーシャル、ロブスタ、ダメージ品のチェック等、ありとあらゆる種類の生豆を片っ端から焙煎してカッピングする事が日々の仕事の一つでした。

　新人はやはり、最初は失敗してもリスクの少ないコマーシャル品から焙煎の練習を行って、徐々にスペシャルティの焙煎を行うようになります。私も最初はコマーシャル品の焙煎を行って練習してからスペシャルティの焙煎を任されるようになりました。

　生豆の水分値やスクリーンサイズ等を入念に計測し、欠点の数を調べる。そしてそれぞれの生豆に適したサンプル焙煎を行う……。

　焙煎前に生豆鑑定を行う事で、どういった要因が焙煎に影響するのかを知り、また翌日に上司や先輩社員とカッピング

を行う事で、グレード、生豆の欠点、汚れ、フレーバー、国ごとのキャラクターの違い、品種の違い等様々な事を学んでいきました。

　新人なので当然失敗するのですが、この後が結構大変です……。ワタル株式会社にはCOEの審査員を長く務める営業社員やQグレーダーの有資格者がゴロゴロいます。そうすると、焙煎に対しての品評がものすごいです……。

・Overで焦げている
・Underでフレーバーが発達していない
・Smokyだ
・Flatだ
・コマーシャルは欠点が分かるように浅く焙煎しろ
・水抜きが甘い
・本来のキャラクターが出ていない
・バッチ間の焙煎がそろっていない

等々…

　まあ、これは社内だからまだ良いのですが、お客さん（ロースター）を招致するカッピングだとさらに大変です。COEや到着ロットのプレゼンテーションカッピングは直接売り買いに関わるカッピングなので、責任も重大です。
　そこで焙煎をしくじると今度はこんな目に遭います。
「今日焙煎したのはどなたですか？　このサンプルはフレーバーが出ていないと思うのですが。」
　…と、その場のお客様方からクレームが飛びます（笑）。
　そうすると会社からもお客様からも怒られるので、否が応

でも焙煎のスキルは上がっていく訳ですね。

　焙煎その物の出来もそうですが、特にそれぞれのサンプルの焙煎度合がそろっていることがこうしたカッピングではより重要になってきます。

　大体3〜5月にかけて中米のサンプルやCOEのサンプルが届くのですが、この間は毎週プレゼンテーションカッピングを行うという過密スケジュールになっています（これ以外に通常買い付け用のカッピングもある）。さすがに多すぎると手分けして焙煎にあたりますが、それでも一日で50サンプル以上焼かないといけないこともあるのでかなり大変です。

　COE上位のGeisha種なんかだと余計に失敗しづらいし、オファーサンプルを失敗すると買い付けができなくなるので、こうした緊張感のある焙煎環境はなかなかすごいものがあります。振り返ってみると以降のWCRCの焙煎コーチに連なる私のとても貴重な修行時代でしたね。

抽出　Brew Designの章

抽出とは何か？

　生豆を焙煎したら次は抽出です。当たり前ですが、抽出という作業を通してやっとコーヒーは人が飲める状態になります。焙煎工程はなかなか普通の人では携われない業務ですが、抽出は多くの方がご家庭でも行える、最も身近にコーヒーを感じられる工程です。

　コーヒーの味わいは、粉と水の割合、温度、抽出器具、抽出方法など様々な要素が織り重なって形成されていきます。コーヒーの酸味、甘味、苦味、フレーバー、質感といった5つの代表的なテイストはこうした抽出の条件や要素、方法によってそれらのバランス配分が変わっていきます。

　焙煎同様に抽出にも定義付けすると以下の様に言えるでしょう。

"抽出とはコーヒーのTaste（テイスト）成分を水に移動させる事である"

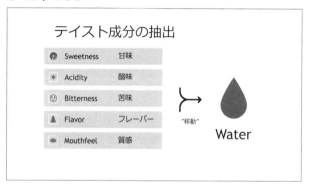

　ここで用いた"移動"という言葉はコーヒーの抽出の根幹にかかわる重要な言葉です。

　抽出工程はコーヒーのテイスト成分の移動をコントロールしそれぞれのテイストのバランスを任意の状態に調整する作業にあたります。

良い抽出？

　最近の抽出シーンでは濃度（TDS）や収率（EY）と言っ
た数値を重要視する傾向がありますが、それだけで抽出の良
し悪しを決める事はできません。数値はあくまで数値なので、
自分の抽出の位置付けを教えてくれるGPSのようなものに
すぎません。同じ濃度と収率でも抽出過程が異なればテイス
トの傾向も異なりますし、事実、コーヒーが持つ成分は800
種あまりと膨大で、それぞれがどのような配分で水に溶け込
んでいるかを正確に分析するのはかなり困難になっています。
　焙煎と同じく「どういった味のバランスを作りたいか？」
「どういった濃度のコーヒーを希望するのか？」といった視
点が重要になり、“良い抽出”“悪い抽出”“適切な抽出”とい
うものは存在しません。大切なのは“どのような意図をもっ
て抽出するか？”です。こうした抽出の調整を筆者はBrew
Control（ブリューコントロール：抽出制御）と名づけました。
　抽出者は後述する抽出設計に基づき、Brew Controlを用
いて抽出を行うのが好ましいと考えています。

あたらしい抽出の考え方：Brew Design

　抽出には味わいに影響する多くのパラメーターがあり、それらは特定の項目としては独立しながらもお互いに影響を及ぼし合う大変複雑な工程です。巷には様々な抽出器具、抽出方法、抽出理論があふれ、こうした多様性がコーヒーという飲料に更なる魅力を付加していると言えるでしょう。

　ここでは抽出における基本的なメカニズム、諸要素を拾い上げる事により、どういったパラメーターが存在し、味わいの変化がどのような部分に作用するのかを分析していきます。こうした諸条件を鑑み、抽出者が意図的な抽出制御（Brew Control）を行って、テイストバランスを設計する事を**Brew Design（ブリューデザイン：抽出設計）**と提唱する事にしました。

Brew ControlとBrew Design

BREW CONTROL
意図に基づいた抽出制御

BREW DESIGN
テイストバランスの設計

・Brew Control（抽出制御）＝意図に基づいた抽出制御
・Brew Design（抽出設計）＝テイストバランスの設計

抽出原則

　それではまず抽出における基本的な原則をおさらいします。コーヒーのテイスト成分は以下の順で水に移動していく事が知られています。

　1.酸味成分
　2.甘味成分
　3.苦味成分

　詳細な化学成分には言及しませんが、大雑把に言うと、コーヒーの抽出ではまず酸味系統の成分から水に移動し、つ

いで甘味系統、最後に苦味系統が移動していきます。

　一般的に抽出が不足し酸味が主体的なものを"**未抽出 =
Under Extraction**"と言い、抽出が過剰で苦味／雑味が主体
的なものを"**過抽出 = Over Extraction**"と言います。

　抽出の基本はこれらの大まかな3つのテイスト成分の移動
速度、総量、配分を調整する工程になります。

＊実際には塩味成分も酸味成分と同じく早い段階で水に移動してくるこ
　とが知られています。そのため未抽出なコーヒーは塩味を伴うことが
　あります

3つの分解

現在のコーヒー抽出では、いまだに TDS（総溶解固形分）、
EY（収率）と言った数値指標やコーヒーフレーバーの理解

に混乱があり、それぞれがどのように抽出コーヒーの味に影響を及ぼしているのかが未整理になっています。ここでは下記の様に分離してみました。

・テイストの強さ＝液体の濃さ（TDS）
・テイストバランス＝酸味／甘味／苦味／フレーバー／質感のバランス（EY）
・フレーバーの強さ＝風味の明確さ（DFS）

当然EY（収率）が高くなれば、濃さもフレーバーの明確さも変わりますが、まずは上記の3つがそれぞれ別々の役割を担うと分けて考えていきます。

TDS：Total Dissolved Solids

テイストの強さ。味の強さ／濃さです。

TDSはTotal Dissolved Solids（トータル・ディゾルブド・ソリッズ：総溶解固形分）と言われ、いわゆる濃度の指標として水質検査などに使用されます。液体に溶解した成分の総量は％、mg／l、ppm等の単位で表されるのですが、コーヒー業界では主に％を用いた100分率が使用されています。

計測機器で濃度を測る事ができますが、再現性のある数値を得るにはそれなりの機器や正確な手順が必要になります。個体差や温度でも数値は変動するので、あくまで大まかな範囲での濃度計測と考えた方が良いでしょう。手軽に計測する場合はATAGO社が販売している"ポケットコーヒー濃度計"が手に入りやすいです。

・TDSが高いとテイストが強くなり、質感が重くなる。
液体が濃すぎると口内刺激をもたらす。
・TDSが低いとテイストが弱くなり、質感が軽くなる。
液体が薄すぎると水っぽくなる。

　焙煎の章でも述べた通り、コーヒーの質感（Mouthfeel）は液体の粘性によって形成され、粘性の重さ"Weight"、舌触り"Texture"、後口の余韻"Finish"の3つに分類されます。

　また英語圏では味が濃い事をThick ／ Strong（シック／ストロング）といい、薄い事をThin ／ Weak ／ Mild（シン／ウイーク／マイルド）と表現します。

EY：Extraction Yield

　テイストバランス。テイスト成分の抽出効率です。
　EYはExtraction Yield（エクストラクション・イールド：収率）と呼ばれ、どれだけの量の成分がコーヒー豆から水に移動したかの"割合"をあらわします。通例100分率の％で表記され、いわゆる"過抽出""未抽出"の尺度として利用されています。計算式は以下の通りです。

　EY%= 抽出された出来上がりコーヒーの液量（g）×計測TDS（%）÷使用コーヒーの粉（g）

・EYが高くなると抽出効率が上がり、成分が多く、テイストは複雑（Complex）になる
→甘味が増し、酸味は弱くなる

→高すぎると苦味（Bitter）が強くなる

→過抽出（Over Extraction）

・EY が低くなると抽出効率が下がり、成分が少なく、テイストは単調（Simple）になる

→甘味は減り、酸味は強くなる

→低すぎると塩味（Rough）が強くなる

→未抽出（Under Extraction）

　実際の計算においては VST 社のアプリが手軽に入手できますので、ダウンロードしておくと何かと重宝します。

https://store.vstapps.com/

　EY の数値が高い方を Over Extraction。低い方を Under Extraction と言いますが、焙煎度合と同じようにどの地点から未／過抽出になるのか明確な指標は存在しません。あくまで2つ以上の、収率が異なるコーヒーでの対比でしかそれぞれの方向性を示せないのです。SCA では Brewing Control Chart というマトリックスで推奨レンジ（EY18 ～ 22%）を参照できますが、最近のコーヒーの抽出はこのレンジに収まる事があまりなく、事実上形骸化しています。

DFS : Definition of Flavor Structure

　フレーバーの強さ。風味の明確さです。

　コーヒーのキャラクターの主役でもある、Flavor（風味）の明度を DFS : Definition of Flavor Structure、通称"Flavor Structure"（フレーバー・ストラクチャー）と呼称する事をすでに解説しました。"Structure"の本来の意味は"構造／構成"を指します。抽出においては収率が上がる方向で強くな

り、主に粉の粒度＝メッシュに大きく影響されます。

- ・Flavor Structureが強くなると、フレーバーがはっきり（Solid）する
- ・Flavor Structureが弱くなると、フレーバーが穏やか（Dull）になる

　骨格が強く、印象がはっきりする事をSolid（ソリッド：しっかり）。骨格が弱く、印象がぼんやりする事をDull（デュル：にぶい）と表現します。

実際の抽出における諸事項

CBR：Coffee Brew Ratio

　コーヒーの飲料カテゴリー、例えばエスプレッソ、ネルドリップ、ハンドドリップ、フレンチプレス等はコーヒー飲料のレシピ、つまり粉と水の割合によって大方決定されています。こういった比率は一般的にCBR：Coffee Brew Ratio（コーヒー・ブリュー・レシオ）と言われ、コーヒーを1とした時に対する水の量を表します。

- ・（例）CBR14（1:14）⇒コーヒー1に対して水量14を意味する

　もちろん例外もありますが、いわゆる飲料の濃さが飲み方やコーヒー飲料の方向性を定めているといっても過言ではあ

りません。そしてこうした濃度はTDS（総溶解固形分）で数値化する事ができます。

　コーヒーの濃度は粉と水の割合による影響がかなり大きいため、コーヒーの飲料カテゴリーとそれに伴う濃度は原則"Coffee Brew Ratio"で決定する事が望ましいでしょう。

Coffee Extraction

　繰り返しになりますが、テイスト成分は"酸味""甘味""苦味"の順で移動速度が速く、抽出が不足して酸味が優位になりすぎるものを"Under Extraction（未抽出＝成分が少なすぎる）"。抽出が過剰になり苦味が強くなる事を"Over Extraction（過抽出＝成分が多すぎる）"と言います。

　こうした抽出効率（テイストバランス）は上記で述べたEY（収率）で数値化できます。

　では実際にどういった事項で成分の"移動速度"と最終的

な"移動量"が変化するかを考察していきます。

【 Ａ：テイスト成分の移動速度が速くなる事項】
　→抽出温度が高い
　→コーヒーの粉の挽目が細かい
　→抽出圧力が高い（閉鎖空間の場合）

【 Ｂ：テイスト成分の移動量が多くなる事項】
　→コーヒーの粉と水の接触時間が長い
　→コーヒーの粉と水の接触回数が多い

Ａ：テイスト成分の移動速度に関する事項

　抽出開始までの下ごしらえ的な事項です。準備やセットアップなど主に器具や機器の設定、調整に依存します。

Brew Temperature（抽出温度）

　抽出時の温度。

　温度が高いと移動速度が高くなりOver Extraction寄り、低いと遅くなってUnder Extraction寄りになります。

　温度が高く抽出されたものは苦味を感じやすくなります。

Grind Size（メッシュ＝粉の挽目）

　抽出時のコーヒーの粉の挽目。

　この事項はコーヒーのフレーバーの明確さ＝DFSに大きく影響します。よってフレーバーの明確さはメッシュ（粉の挽目）で調整するのが効果的です。

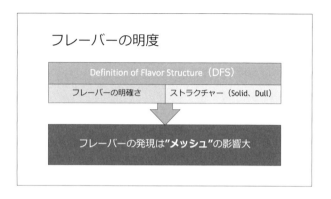

挽目が細かいと Over 寄り、低いと Under 寄りになります。

・挽目が細かいとフレーバーがはっきり（強）する＝
Solid Flavor Structure
・挽目が粗いとフレーバーが穏やか（弱）になる＝ Dull
Flavor Structure

あまり細かく挽きすぎるとテイストの要素が増えすぎ、雑
味が多くなってフレーバーが感じづらくなります。

また粉の挽目は同時に質感の Texture（触感の品質＝舌触
り）にも影響を及ぼします。粘性の強さではなく、いわゆる
舌触りが変わります。

・挽目が細かいと Creamy ／ Syrupy（クリーミー／シロッ
ピー）な粘性のある Texture になる
・挽目が粗いと Smooth ／ Round（スムース／ラウンド）

　　な滑らかなTextureになる

　挽目は細かすぎると質感の舌触り（Texture）が粉っぽくなり、粗すぎると水っぽくなります。

Brew Pressure（抽出圧力）
　抽出時の圧力。
　"原理的"には圧力が高いとOver寄り、低いとUnder寄りになるのですが、これはあくまで閉鎖空間でのみの話です。実際には抽出器の下に穴が開いており、圧力をかけると早く液体が落ちていくので、抽出時間が短くなります。よって、
　圧力が高いとUnder寄り、低いとOver寄りになります。

＊抽出時間は次項の"B：テイスト成分の移動量"の項目になります

　また圧力は質感の形成に大きく関わり、特にエスプレッソでは液体の乳化を促進します。

　・圧力が高いと粘性は上がり、質感は重くなる
　・圧力が低いと粘性は下がり、質感は軽くなる

　特にエスプレッソの場合は圧力を上げるとShot Time（抽出時間）が短くなり、粘性（Weight）は強いものの、Under Extractionが顕著になります。

B：テイスト成分の移動量に関する事項
　成分の移動量は実際の抽出方法に関わる事項です。〜式、

〜メソッド、花びら抽出、点滴抽出、〜スピン、スワリング、ペーパーリンス、攪拌等の技法は機械抽出を除けば、全て人の手や技量に依存します。

Brew Time（抽出時間）

抽出時間。

時間が長いほどOver寄り、短いほどUnder寄りになります。

コーヒーと水の接触時間が長くなるとより多くの成分が水に移動し、総成分量が多くなります。

接触時間が長くなる項目は以下の通りになります。

・抽出時間を長く取る
・投水速度を遅くする
・投水間隔を長く取る
・ドリッパーの穴を小さくする
・抽出フィルターの目の細かいものを選ぶ
・ペーパーフィルターの目を細かくする（透過しづらい材質、高い密度、濡らす＝リンス等）

抽出における時間は温度とも関連性が強いです。抽出が長くかつ温度が高い場合にはOver Extractionになり、抽出が短く温度が低い場合にUnder Extractionになります。

・（例1）エスプレッソの抽出時間はかなり短いが温度は高い
・（例2）水出しコーヒーは温度が低くても抽出時間はか

　なり長い

Brew Frequency（抽出頻度）

　コーヒーと粉の接触頻度（回数）。

　接触頻度が多くなるとOver寄り、少なくなるとUnder寄りになります。

　コーヒーと水の接触頻度が多くなるとより成分が水に移動し、総成分量が多くなります。

　接触回数が多くなる事項は以下の通りです。

・最初の1投目の水量を少なくする
・投水回数を増やす
・広範囲に投水する（シャワープレート等）
・コーヒーと水の混合液を撹拌する（スプーン撹拌やスワリング等）
・抽出液を循環させる（短時間水出し抽出機）

　温度が低く抽出時間が短くても抽出頻度を高める事で、抽出を進める事ができます。撹拌の場合はスプーンでかき混ぜる、ドリッパーを回す、高い位置から投水するなどの手段があります。水出しコーヒーは成分の移動に時間がかかりますが、循環式では大幅に抽出時間を短くする事ができます。

テイスト成分の移動速度と移動量のまとめ

　成分の移動速度を速めた場合、抽出時間が長いと中〜後半成分にあたる甘味と苦味が多く存在する事によってOver Extractionになりやすいです。

　逆に時間の短い抽出の場合はある程度成分の移動速度を速めないと、抽出前半成分である酸味が主体的なUnder Extractionになるリスクがあります。この場合、対策として抽出時間を長く取ったり、攪拌を行ったりすれば成分の移動量が増えるので、後半の成分が移動してくる事ができます。こうして短時間でも結果的に酸以外の甘味や苦味等の後半成分を抽出する事が可能になります。

　メッシュ（粉の挽目）を例にとると、抽出時間が長いもの（フレンチプレス等）はメッシュが粗く、時間が短い物（エスプレッソ等）では細かいのが一般的です。

　Thomas Jefferson大学が行った実験でホットコーヒーと水出しコーヒーの成分分析を行ったところ、成分量の割合に関してあまり両者に違いはないという結果が出ました。酸が穏やかとされる水出しには、ホットコーヒーとほぼ同量の酸味成分が検知され、それ以外の成分においても大きな違いはなかったそうです（成分の移動速度と移動量との兼ね合い）。

　以上の様に成分の"移動速度"と"移動量"の両方を考慮して抽出設計を行う必要があります。

グラインダーの違い

グラインダーの違い

フラットバー
　粉体はフレーク状
　Under

コニカルバー
　粉体は多角形
　Over

グラインド臼刃
　粉体はフレーク状
　かなりUnder

　コーヒーを抽出するためには豆を粉砕する必要があり、そのために使用される器具がコーヒーグラインダーです。粉砕されたコーヒーの粉はグラインダーの種類によって粒子の形状、サイズ、分布が異なり、味わいの形成（テイスト）に大きな影響を及ぼします。一般的には微粉の少なさや粒子の大きさの均一性（粒度分布）が重要とされていますが、微粉が全くなくて粒度が均一すぎるとかなり単調で淡泊なコーヒーになってしまうので、これらは程度問題とも言えそうです。

　抽出においては、グラインダーの選定こそがコーヒーの根本的なキャラクターを決めるといっても過言ではありません。豆を粉砕するカット刃のペアの事をBurr Set（バー・セット）と言いますが、ここでは代表的なカット刃形状である、フラットバー、コニカルバー、グラインド臼刃を取り上げてみます。

Flat Burr（フラットバー）

　円盤形状の2対のカット刃が回転し、カット刃の中央から豆を吸い込んで粉砕します。重力方向からみて直角に豆は粉砕され（縦置きの場合は0度）、粉の形状は顕微鏡でみるとフレークのような板状になっています。粉の表面積が少なく、水が入り込む角の数が少ないので抽出においてはUnder Extraction寄りの性能を持ちます。

　微粉は多いとも少ないとも言われますが、刃の材質や付け方、設計にも依存するので一概には言えません。基本的にUnder Extractionに寄っているので、エスプレッソ挽き等の細かいレンジでもOver Extractionになりにくく、Flavor Structureを強めた場合に比較的Cleanな印象を保ちやすい特性があります。

【代表的なフラットバーのグラインダー】
　・ditting 807 LAB SWEET
　・MAHLKONIG EK43
　・nuova SIMONELLI MYTHOS 2

Conical Burr（コニカルバー）

　上部が凹型、下部が凸型で、臼のような形をした2対のカット刃で構成されるグラインダーです。上刃中央の穴より豆が吸い込まれて粉砕されます。上刃と下刃間のピッチでは直角に、重力方向に対しては斜めにと、複数のアングルで粉砕されるため、粉の形状が立体的な多角形状になります。表面積が多く、水が入り込む角が多いので、Over Extraction

寄りの性能を表します。

　微粉の量についてはフラットバーと同じく材質、設計などによります。EY（収率）を稼いだり、積極的にテイストを水に移動させたい場合はコニカルバーが有用です。粉が粗めでも味が出やすく、かつ構造上の利点から多くの手挽きミルに採用されています。

【代表的なコニカルバーのグラインダー】
　・MAZZER ROBUR
　・COMMANDANTE

グラインド臼刃

　最近ではあまり見られませんが、古いタイプのグラインダーでこの刃を採用している事があります。2枚の円形ディスクで中央の穴から豆を吸い込むのはフラットバーと同じですが、カット刃の上下がおろし金のような形をしており、コーヒーを"カット"するというよりは"挟んで砕く"といった感じに近いかもしれません。

　構造上細かい粒度に適しておらず、基本的にエスプレッソ挽きなどに対応できません（できる種類もあるかもしれませんが）。粉体はフレーク状で粒度の均一性が高く、微粉も少ないのが特徴です。かなりUnder Extraction性能が強いので、苦味の強い深煎りや、濃いコーヒーをさっぱり淹れるのに適しています。

【代表的なグラインド臼刃のグラインダー】
・FUJI ROYAL R220 みるっこ

　最近ではカット刃の材質に"鋳鉄"を採用することを再評価する向きがあります。一つの考察として、鋳鉄は柔らかいのでコーヒー豆への当たりがマイルドで微粉が生じにくく、また微細レベルでざらついているので、粉体の表面積を増やして抽出効率を上げる作用があると考えられます。

水質

　本来は水の選定が最初に検討されるべき事項かもしれません。しかしながらその地域の水質や浄水場の能力、お店の浄水器の性能次第で、ある程度使用できる水の性質に制限がかかってしまうのは否めません。特に水の硬さと言われる硬度については低下させる浄水器はあっても、硬度を上げる浄水器はあまり一般的ではありません。

　予算や設備があれば人為的にミネラルを添加して水の成分調整を行う、いわゆるCustomer Water（カスタムウオーター：改造水）を精製する事も可能です。抽出の大会ではこうした水のCrafting（クラフティング：工作）が多く見られるようになってきました。

硬度

　硬度として検知されるミネラルはカルシウムとマグネシウムが相当します。カルシウム塩は強い苦味と塩味、そしてやや重たい質感を持ちます。マグネシウム塩は同じく強い苦味と塩味を持ちますが、甘さも感じられます。水の硬度表記は

上記2つのミネラル塩を炭酸カルシウムの量に換算したアメリカ硬度が一般的に用いられており、単位はmg／lが使用されます

　　・カルシウム塩＝質感の強度向上に関連
　　・マグネシウム塩＝甘味と質感の強度向上に関連

硬度（CaCO3)mg／l＝(カルシウム（Ca)mg／l×2.5)＋（マグネシウム（Mg）mg／l×4.1)

　日本の場合は硬度20〜60mg／lの軟水のケースが多く、大抵はカルシウム塩の配分が多めです。簡易的なカスタムウオーターではマグネシウム塩のみを使用する事が多いですが、このようにミネラルの分配を変える事によって味わいを変える事もできます。

　　・硬度0〜60未満　　　　　軟水
　　・硬度60〜120未満　　　　中程度の軟水
　　・硬度120〜180未満　　　硬水
　　・硬度180以上　　　　　　非常な硬水

pH（ピーエイチ）

　水の酸性、中性、アルカリ性を測る指標がpH値です。0〜14までの値があり、7が中性とされています。大抵の飲料水は弱酸性〜弱アルカリ性の範疇に入ります。極端な酸性、アルカリ性の水を用いる事は稀ですが、pHが低い水で抽出するとコーヒーは酸味がはっきりして、pHが高い水で抽出

すると酸味が穏やかになります。

味の相互作用

　化学的に味覚と定義されているものには甘味、酸味、苦味、塩味、うま味の5種類があります。これらの味覚の組み合わせには相互作用があり、代表的なものに"対比効果""抑制効果"等が知られています。例えば「スイカに塩を掛けると甘さが強くなる」「魚のワタにレモンを掛けると苦みが少なくなる」といった味覚の感じ方です。

　コーヒーの抽出でもこうした味の相互作用が発生すると考えられます。

・水の硬度を上げると味覚の対比効果が強まる。味覚要素（テイスト）が強く感じられ、甘味、苦味、質感が付加されて相対的に酸が抑えられる
・水の硬度を下げると味覚の対比効果が弱まる。味覚要素（テイスト）が弱く感じられ、酸味が主体的になる

　硬度は高すぎるとコーヒーの酸味が弱くなって苦味／エグ味が増え、低すぎると酸味が主体的で味が淡泊になります。しかしながら硬度の高い水は苦味の要素があり、低い水は淡泊なので、そもそもの水の味わいが反映されているとも言えます。

　またカリウムやナトリウムなどのいわゆる"Roughness成分"（塩味）が入っていると、コーヒーの酸味が和らぎ甘味が強くなりますが（抑制効果と対比効果）、液体のきれいさ（Clean Cup）が低下してFlavor Structureが弱くなります。

COEの試薬を用いたカッピングではこうした作用が確認されています。

　各消費国、例えばアメリカ、ヨーロッパ、オーストラリアなどでは日本より水の硬度が高い事が多いです（もちろん低い事もある）。逆説的に考えると、各国のロースターはこうした地域の水質に基づいて焙煎度合やテイストバランスを設計しているとも言えます。

＊味覚の相互作用には、相乗効果、抑制効果、対比効果、変調効果、順応効果の5つが知られています

Brew Designの手順

それではいよいよBrew Design＝抽出設計の実際に入りたいと思います。基本的には上記で解説してきた内容をひとつずつ検証しながら進んでいきます。複数個所を同時に変更すると得られた結果に対しての因果関係が分かりづらくなってしまうので、検証は必ず一か所ずつ行い、その箇所がクリアになってから次の工程に進みます。

①素材の品質確認
②飲料カテゴリー設定
③抽出器具設定
④水質設定
⑤抽出方法の仮設定

⑥濃度／抽出量設定
⑦酸味／フレーバー VS.甘味／質感
⑧抽出方法の再設定
⑨プレゼンテーション

①素材の品質確認

　最初は素材の品質確認です。カッピング等の品質評価を通じて抽出対象のコーヒーの特徴や状態を把握します。抽出もマジックではないので、どんなに頑張ってもブラジルNO2がパナマのGeisha種のような味には絶対なりません。素材が持っている以上の物を発現する事はできないのです。また特定のテイスト要素を強化すると、他の要素を弱める必要も出てきます。焙煎と同じく、"酸味／フレーバー"に対して"甘味／質感"は相対的な位置にあります。

・酸味が甘味と協調しておりバランスがある……
・ナチュラルフレーバーが強く酸が弱め……
・質感は弱いがなめらか……
・甘さが強いものの質感の舌触りがざらつく……
・フレーバーが繊細で甘味に負けている……
・あまりCleanでなく、味覚要素が感じづらい……
・焙煎が深いがその割に質感が軽い……
・焙煎が浅く酸が強すぎる……

などなど、テイスティングを通じていろいろ感じる事があ

ると思います。その上で「この部分はこういう風に調整した
い」と思ったりする事もあるでしょう。

　こういった味のリバランスを行う際に、コーヒーが持つ
カッピングフォーム上の特徴が分かると抽出設計しやすくな
るのです。

②飲料カテゴリー設定

　ある程度コーヒーのキャラクターがつかめたら、抽出対象
となるコーヒーのカテゴリーを決めます。ハンドドリップ、
フレンチプレス、エスプレッソ……。カテゴリーが決まると、
必要とされる抽出器具とCoffee Brew Ratioがある程度のレ
ンジに定まってきます。

　カテゴリーが決まったら、コーヒーの生産処理、焙煎度合、
カッピング等で把握できた素材の特徴から、どういったバラ
ンスのコーヒーに抽出するかを検討します。「濃さはどのく
らいか？　甘さと質感を増強するのか？　酸とフレーバーを
増強するのか？」それぞれのバランスを任意の状態に設定す
るためにテイストバランスのモデルを想像します。

　浅煎りや水洗式のコーヒーは酸が明確である事が多いです。

　深煎りやナチュラルのコーヒーは甘さが強くボディーがあ
る事が多いです。

　それぞれの焙煎豆の状況から味づくりを考えます。

③抽出器具設定

　抽出器具によって個性や味の出方が違うのは当然ですが、全てをトライする事はなかなか難しいので、少しずつ検証を重ねるしかありません。試してみたい抽出技法やレシピがあっても、それらが達成可能な器具でなければ意味がありません。メリタの一つ穴ではハリオV60のようなスピーディーな抽出はできませんし、メタルフィルターに複数回投水すると目詰まりしやすくなります。よってそれぞれ得手不得手があります。今回下記にハンドドリップ用抽出器具の一例をあげて見ました。

ドリッパー

- ・HARIO V60 透過ドリッパー VD01
  - →酸味やフレーバーが分かりやすい。投水の仕方で攪拌具合（接触回数）が変わるため再現性を保つのがやや難しい。質感は軽め
- ・Kalita Wave Glass Dripper 155
  - →甘味や質感が出やすい。水の接触面積が大きいため濃度感があるが、あまり攪拌が進行しないのでテイストがシンプルになりやすい
- ・Cores コーンゴールドフィルター C261GD
  - →甘味や質感がかなり出やすいが舌触り（Texture）が粉っぽくなる。微粉やオイル分が雑味となってClean Cupを阻害しやすい

　ケトルの形状もメーカーによって投水量、勢い、水流の進

行方向が異なるので、これらの要素も抽出に影響を及ぼします。"テイスト成分の移動量が多くなる事項"で解説した、コーヒーの粉と水の接触時間や、コーヒーの粉と水の接触回数はケトルの性能によっても変わってきます。なお最近の電気ケトルは温度を1℃単位でPID制御するものが一般的になってきました。

ケトル

- ・HARIO V60パワーケトル・ヴォーノ
  - →首がやや水平に突き出ているため、水流方向が水平に近く、ドリッパー表面に水が回りやすい。上下の攪拌が少ないためややUnder気味に抽出される
- ・Bonavita Variable Temperature Kettle
  - →首が垂直方向に立っているため、水流方向が直角に近く、ドリッパー内部に水が貫通しやすい。上下の攪拌が多いためややOver気味に抽出される
- ・Brewista Artisan Gooseneck Variable Kettle
  - →注ぎ口が細いため、投水量が少なくて抽出に時間がかかる（接触時間）ものの、貫通力が弱く、上下攪拌が少ないためにテイストはシンプルになりやすい

　上記は抽出者の使用方法や抽出方法にも影響されるため、抽出される方はそれぞれの器具を試してみて、自分自身のインプレッションを保持してください。抽出器具は抽出における影響がどうしても大きくなってしまうので、希望とする味のバランスを達成できる器具をテストして選定する必要があります。

　ドリッパーの場合は特に穴の口径によって抽出時間に制限がかかるので、希望の抽出時間との兼ね合いを考えて選ぶ事も重要になってきます。

④水質設定

　すでに述べたように購入する水やカスタムウオーター以外では使用できる水質に制限がかかります。水が硬かったら硬い事を前提としたセットアップ。水が柔らかかったら柔らかい事を前提としたセットアップをしないといけません。

　良い水、美味しい水であればコーヒーも美味しくなるという訳ではありません。

　硬い水はテイストがはっきりしますが、硬すぎると苦味と雑味が多くなりすぎで酸味を損ないます。柔らかい水はクリアで酸味がはっきりしますが、テイスト全体が弱くなって淡泊になります。

　水を精製する場合マグネシウムの配合を多くすれば甘味と質感が、カルシウムの配合を多くすれば質感が強くなります。

　pH調整として緩衝作用のある "Buffer" 成分もカスタムウオーターでよく使用されますが、原料の炭酸水素ナトリウム（重曹）はアルカリ性で苦味を伴います。極端な硬度にしなければpHはおおむね中性に近いレンジを保つので、筆者は特に必須とは考えていません。しかし必要と判断される場合はpH調整でどの程度苦味が許容できるかも検討事項になります。

⑤抽出方法の仮設定　〜一貫した抽出方法を考える〜

　機械的に水量設定された全自動エスプレッソマシンやドリップマシンなどは再現性の高い抽出ができますが、ハンドドリップ等の手点てだと人の手による偏差がかなり大きいです。故に抽出方法の変更は慎重に行う必要があります。

　なぜなら抽出方法が変わるとセットアップが一からやり直しになるからです。Coffee Brew Ratio、レシピ、温度、メッシュを最初から組み直さなければいけません。

　もちろん大会などで披露された新しい技法を採用するのも構いませんが、日々のカフェ業務では作業の安定性と品質の再現性、手順の一貫性が重要になってきます。自分ひとりでやるのならまだ良いですが、スタッフさんを複数名抱えているお店だと、みんなが許容レンジに収まる抽出方法を行っていないと人為的な要因で品質が全く安定しません。

　いくら素晴らしい抽出方法だとしても、淹れる度に味がブレてしまっては、お客様は離れていってしまいます。

　なので、用途と目的を明確にして抽出方法を採用する事になります。あくまで抽出方法は抽出に影響する要素の一つなので、"美味しい淹れ方""ダメな淹れ方"などは存在しません。抽出方法と抽出方法以外でセットアップしてきた各項目の総和がコーヒーの最終的なテイストを形成するという事をしっかり理解する必要があります。

　まず試してみたい特定の抽出方法、または各調整項目を検証する上で一貫性があって再現性の高い抽出方法を採用し（仮決めする）、一通りセットアップが完了したら再度抽出方法を考察します。

⑥濃度／抽出量設定

　器具と抽出方法が決まったらCoffee Brew Ratioで抽出比率を決めます。そして希望抽出液量とCoffee Brew Ratioから算出されるレシピを設定します。

　例えばCoffee Brew Ratioが15、使用する水の量が300gだと粉量は20ｇになります。大体粉量の2倍量の水がコーヒーの粉に吸われるので、落とし切りの場合、出来上がりは250g ～ 260ｇの範疇に入ると思います。これがレシピです。

　　・CBR=15
　　・レシピ＝粉20gに対して水300g

　抽出水量を厳密に定めるのは難しいので、使用する水の量すなわち投水量がベースになります。いわゆるエスプレッソマシンで言う供給水量換算＝ Volume Metric（ボリュームメトリック：体積換算）と呼ばれる考え方です。逆に抽出水量から投水量を制御する事はWeight Metric（ウエイトメトリック：重量換算）と言います。

　濃度を測定する場合はTDSメーターを使用して測る事ができます。ハンドドリップの場合だと1.1 ～ 1.3%位の濃度が一般的だと思いますが、テイスティングの上で好みの濃度を設定してください。

　　・テイストを強く、濃くする場合はCBRの水の比率を下げる（例）CBR15⇒14
　　・テイストを弱く、薄くする場合はCBRの水の比率を上

　げる（例）CBR14⇒15

　この項目は上記の"抽出方法"と同じくらい抽出に影響が大きく、Coffee Brew Ratioとレシピを変更した場合、セットアップが一からやり直しになります。さらに粉量によっては抽出時間も変わるので、手順としては"①抽出方法、②Coffee Brew Ratio／レシピ"をまず仮決めしないと先に進めません。これら2つはセットアップの土台となるセッティングベース、例えるならばコンピューターのOSのような物とも言えます。

＊なお同じTDS（濃度）を維持してCoffee Brew Ratioを変更するとEY（収率）に影響を及ぼします。Coffee Brew Ratioの数値が低い（粉が多い）場合はUnder Extractionになり、高い場合（粉が少ない）にはOver Extractionになっていきます

⑦酸味／フレーバー VS. 甘味／質感

　大まかな濃度が決まったら今度はテイストバランスを設定していきます。ここからはEY（収率）に関わってくる部分になります。分解編で触れた内容を一つずつ検証していきます。

テイストの相関関係

酸味/フレーバー
vs.
甘味/質感

Under Extraction
酸味/フレーバー

質感は軽く、
テクスチャーは
Smooth/Wateryになる

Over Extraction
甘味/質感

質感は重く、
テクスチャーは
Creamy/Powderyになる

水の温度調整

　水温管理で酸味、甘味、苦味のバランス配分を調整していきます。

・温度が高い⇒EYが上がる。甘味／苦味／質感が付加され相対的に酸味が抑えられる（Over）
・温度が低い⇒EYが下がる。酸味が主体的になる（Under）

＊水の温度は各テイスト要素の明確さと苦味に影響を与えます

　水の温度は高いとテイスト全般がはっきり感じられるようになりますが、特に苦味が強くなっていきます。これを抑える場合は温度を下げる必要があります（深煎りなどでは80℃台のやや低い温度帯で抽出する慣習も存在する）。

メッシュ調整

　メッシュ（粉の挽目）調整はコーヒーの持つ味覚要素（酸味、甘味、苦味）のバランス、フレーバーの明確さ（DFS）、そして質感の舌触り（Texture）を調整する事ができます。

- ・メッシュが細かい⇒EYが上がる。甘味／苦味／質感が付加され相対的に酸味が抑えられる（Over）
- ・メッシュが粗い⇒EYが下がる。酸味が主体的になる（Under）

　バリスタさんは経験的にメッシュの粒度がフレーバーに及ぼす影響を理解されていると思います。大抵の場合コーヒーのテイストやフレーバーを強める時は粉の挽目を細かくします。

- ・メッシュが細かい⇒Flavor Structureがはっきりする（Solid）
- ・メッシュが粗い⇒Flavor Structureが穏やかになる（Dull）

＊メッシュの細かさはDFSに影響を与えます

　フレーバーを強めたければメッシュを細かくするのが最も効果的（高Flavor Structure）ですが、細かくなりすぎると苦味や余剰成分が抽出され（過抽出）、微粉が多くなる事によって舌触りが粉っぽくなります。そうするとテイストが濁って逆にフレーバーを感じづらくなります。

　またメッシュの細かさは同時に液体の舌触り（Texture）に変化をもたらします。

- ・メッシュが細かい⇒Creamy Texture（細かすぎると Powdery：粉っぽい）
- ・メッシュが粗い⇒Smooth Texture（粗すぎると Watery：水っぽい）

＊メッシュの細かさは質感のTextureにも影響を与えます

　こうした事からフレーバーの明確さは"Clean Cup"性をどこまで担保できるのかが一つの焦点になります。
　なお使用するグラインダーによってテイストバランスの傾向、粒度分布、粉体形状が異なります。用途に合わせてグラインダー形状を選択するのが良いでしょう。

⑧抽出方法の再設定
〜味の濃さ＋質感の強さをどこまで強めるか（TDS補強）〜

　今まで挙げてきたCoffee Brew Ratio、レシピ、温度、メッシュは数値的に調整が可能な項目であり、一度設定すればあまり変動する事が少ない項目です。水量設定された機械抽出であれば再現性のある抽出を行う事は可能ですが、ここからは実際に偏差の出やすい人の手によって調整される項目を挙げていきます。
　なお以前述べた通り、抽出方法を変更した場合、Coffee

Brew Ratio、レシピ、温度、メッシュをもう一度設定しなおす必要があります。なので、この箇所で今まで仮決めをしておいた抽出方法を見直し、定まったらまたCoffee Brew Ratioとレシピ設定に戻って各項目を再セットアップしていきます（アップデート＆再起動）。

*これでもし「何かしら気に入らないな？」と思った場合には、また最初のCoffee Brew Ratioから変えていって新しいセッティングベースを構築してみて下さい

抽出時間の調整①

　抽出回数は"コーヒーの粉と水の接触時間"と言い換える事ができます。接触時間を増やすにはいくつか方法があります。

　・抽出時間を長く取る

・投水速度を遅くする
・投水間隔を長く取る
・ドリッパーの穴を小さくする
・抽出フィルターの目の細かいものを選ぶ
・ペーパーフィルターの目を細かくする（透過しづらい材質、高い密度、濡らす＝リンス等）

・　時間が長い⇒EYが上がる。甘味／苦味／質感が付加され相対的に酸味が抑えられる（Over）
・　時間が短い⇒EYが下がる。酸味が主体的になる（Under）

＊接触時間は質感のWeightに影響を与えます

　抽出時間は質感の形成にも大きく影響します。液体の攪拌を控えて時間を長く取れば、テイストの出具合を少し抑えて主に質感を強める事もできます。
　また抽出圧力も質感の増減に関わります。圧力が高いとエスプレッソでは乳化が促進され質化が強く形成されます。しかしその場合は抽出時間が短くなります。

・　圧力が高い⇒質感が強くなる。抽出時間が短くなって酸味が主体的になる（Under）
・　圧力が低い⇒質感が弱くなる。抽出時間が長くなって甘味／苦味／質感が付加され相対的に酸味が抑えられる（Over）

　こうした作用は手動でピストンを押す抽出器具である

"Aeropress" でも同様です。

抽出時間の調整②

　抽出器具では粉とコーヒーの混合液を濾すフィルターに様々な素材があります。基本的に目が詰まっている方が抽出に時間がかかり、目が粗い方は抽出時間が短くなります。同じペーパーでウエット、ドライを比べてみたときは以下の様になります。

- ・ 濡らす（ウエット）⇒抽出時間が長くなってEYが上がる。甘味／苦味／質感が付加され相対的に酸味が抑えられる（Over）
- ・ 乾燥（ドライ）⇒抽出時間が短くなってEYが下がる。酸味が主体的になる（Under）

　濡らした方が、コーヒーオイルが出ると言いますが、抽出に影響するのは抽出時間その物が要因としては大きいです。

　メタルフィルターについては、投水回数が多いと撹拌が進んで微粉が目に詰まりやすくなります。1投目は落ちが早いのですが、あまり回数を増やすと後半の落ちが急激に悪化するので抽出時間のコントロールに注意が必要です。

抽出回数の調整

- ・最初の1投目の水量を少なくする
- ・投水回数を増やす
- ・広範囲に投水する（シャワープレート等）
- ・コーヒーと水の混合液を撹拌する（スプーン撹拌やスワ

リング等）

・抽出液を循環させる（短時間水出し抽出機）

・　接触回数が多い⇒EYが上がる。甘味／苦味／質感が
　　付加され相対的に酸味が抑えられる（Over）
・　接触回数が少ない⇒EYが下がる。酸味が主体的にな
　　る（Under）

＊接触回数は各テイスト要素の明確さに影響を与えます

　上記の様に攪拌やスワリング等で接触回数を増やす措置を
行うと、テイスト成分をより積極的に引き出すことができま
す。
　エスプレッソマシンでも最近は複数回で水を供給する"パ
ルス"タイプのものも登場してきました（nuova Simonelli
Aurelia Wave）。また一時期流行ったPre-infusion（プリイ
ンフュージョン：蒸らし機能）も接触回数を増やす機能の一
つです。
　複数回投水する抽出方法においては、最初の1投目の水の
量（いわゆる蒸らし）を少なくすると2投目以降の水の接触
回数が多くなります（コーヒーの粉が液体に濡れている方が
成分の移動がしやすいため）。粉全体に水をめぐらすまで、
水滴を一滴ずつ落としていく点滴抽出などはこの最たる例と
いえるでしょう。
　よって、1投目の水量を多くとると酸味がはっきりして、
少なくすると甘さがしっかりします。

⑨プレゼンテーション

　重ねて言及しますが、美味しい、美味しくないではなく、お店やバリスタの考える"どういった美味しさを提供するか？"がとても重要です。

　・味づくりのポイント、狙いを明確にする
　・お客様へのプレゼンテーション／アピール
　・エバリュエーション（評価）
　・抽出の再考

　お客様は多くいらっしゃいますし、一人一人嗜好が異なります。全ての嗜好に合わせる事は不可能です。逆にどういった味わいや楽しみ方を提案するかが焦点になります。その場合には自分のコーヒーに対する考え方と位置をしっかりと明確にしなくてはいけません。抽出の全てにおいても焙煎と同じような考え方とアプローチが必要になるのです。
　どういった味わいをプレゼンテーションするのか？　またそのプレゼンテーションがどのように顧客に受け取られたか？　日々のフィードバックと検証を重ねて自身が理想とする味わいやテイストバランスをアップデートしていきます。

Roast Design Coffeeの Brew Design

　少し長くなりましたが、この章の最後も Roast Design Coffeeの Brew Designについてお話しします。RDCの目指すテイストバランスの方向性は焙煎と同じく、甘味と質感を少し削いで、酸味とフレーバーを重視しようと考えています。ここではハンドドリップ（Pour Over）とエスプレッソ（Espresso）についてご紹介します。

ハンドドリップ

　カッピングよりハンドドリップの方が、テイストはフィルターに濾されて少なくなるので、なるべく酸由来の個性を出

176

したいと考えています。質感の重さ（Weight）はそれほど
必要としていません。

【概要】

- 抽出器具：　HARIO V60
- ペーパー：　ドライ、漂白
- CBR：14
- レシピ：粉20g、投水280g
- グラインダー：ditting K804 Lab Sweet（旧モデル／
  鋳鉄ディスク）
- 粒度：ダイヤル9.5
- 水の硬度：約45mg／l
- 水温：90℃
- 抽出方法：
  → 1投目90g落とし切り
  →抽出開始から45秒後に2投目90gを落とし切り
  →抽出開始から1分30秒後に3投目100ｇを落とし切り
  →トータル抽出時間2分程度
- TDS：約1.2%
- EY：約14.3%

　　RDCのハンドドリップではハリオV60を採用しています。
ドリッパーの穴が大きくて私たちが抽出限界と考える3分を
超えないで抽出できる事と、ドリッパーのテイストが酸味／
フレーバーに寄っている事、巷で手に入りやすい事が主な理
由です。
　　紙の臭いはそれほど気にしてはいないのですが、やはり漂

白の方が少ないと考えています。濡らして使用すると、抽出に時間がかかって甘味と質感が強くなり、酸味とフレーバーが阻害されてしまうので、ドライの状態で抽出して明るく仕上げています。

Coffee Brew Ratioは14でやや濃い目ですが、基本の方向性が酸味重視なので淡泊になるきらいがあります。あまり淡麗だと飲料として物足りないので少し濃くしました。

グラインダーは粒度分布に優れるditting Lab Sweetです。"Sweet"という名前ですが、このグラインダーもどちらかと言うとCleanな酸味を特徴としています。できるだけFlavor Structureを上げるために細かい挽目に寄せたいのですが、Cleanさが担保されていないと実現できません。よってLab Sweetを採用しました。

メッシュは現在ダイヤル9.5ですが、液体があまり攪拌されないKalita Waveでは幾分Cleanさを保てるのでダイヤル9まで細かくできる事が分かっています。しかしHARIO V60では投水による攪拌が発生するため、9.5より細かくするとやや過抽出になってしまうので現状の設定を維持しています。

水温は苦味がどの程度許容できるかで考えました。酸味／フレーバーを阻害しない程度まで水温を下げて90℃を採用しましたが、幾分テイストは少なくなりました。

抽出方法はベストをぴったり狙うのではなく、あまりブレが発生しないでスタッフ間でも再現性の高い方法を考察しました。お客様にも再現してもらいやすい点を重視し、約90gを3投に分けて注水する（最後は100g）シンプルなスタイルにまとめました。抽出方法を簡素化し、その前段階である、

Coffee Brew Ratio、メッシュ、水温をきっちり設定する事で均一性と一貫性の向上を図っています。

エスプレッソ

エスプレッソと言うと深煎りのイメージが強いですが、RDCではあえてエスプレッソ用の焙煎を行っていません。焙煎度合はドリップ、カッピングと同じです。浅煎りなのであまりガスが出ず、エイジングに日数がかからないので翌日以降から使用可能と判断しています。

RDCの目指すエスプレッソはかなり偏っており、世間一般のエスプレッソの範疇に入っていません。テイストは酸味とフレーバーを重視し、苦味の許容量を見極めながら、甘味を加算してバランスをとっています。質感はライトボディーでサラッとしたスタイルのエスプレッソです。

【概要】
- エスプレッソマシン：Victoria Arduino Black Eagle 2GR Gravimetric
- バスケット：VST 20g
- CBR：約2
- レシピ：粉21.5〜22.3g、出来上がり液量45g
- グラインダー：MAHLKONING EK43S（鋳鉄ディスク）
- 粒度：ダイヤル1以下（原点を移動済。正確な番手が不明）

- 水の硬度：約45mg／l
- グループヘッドの温度：89 〜 90℃
- 供給水の温度：89 〜 90℃
- 抽出気圧：5.5bar
- 抽出秒数：16秒程度
- TDS：約7%
- EY：約14.3%

　エスプレッソマシンは抽出重量をPIDで制御し、設定重量で抽出可能なBlack Eagle Gravimetricの2グループです。一般的なエスプレッソマシンは供給水量（Volume Metric）を制御するのですが、これだと粉の量（ドーシング量：Dosing Amount）と挽目（メッシュ：Grind Size）の違いによって出来上がりの液量が変動してしまいます。これを防ぐためにはバリスタが計量器、あるいはショットグラスの目盛りを見ながら抽出ポンプを止めるのですが、一貫性のある液量を毎回達成するのは極めて困難です。しかもバリスタの技量次第では抽出ごとの液量が変動するリスクがあるので、RDCではBlack Eagleの重量制御（Weight Metric）を利用して抽出量の一貫性を保っています。

　液体の濃さは、あまりリストレットにすると味が強すぎて質感が強く刺激的になるので、今のところレシピは粉量22g前後で抽出液量（出来上がり液量）45gをターゲットにしています。CBRは1：2で、いわゆるトリプルリストレット（Triple Ristretto）と呼ばれるカテゴリーのエスプレッソです。粉の量（Dose）は豆の種類（オリジンや生産処理、大きさ等）が異なると比重が変わってカサも変わるので、グ

ループヘッド内のスクリーンにあたらない程度で、味を見ながら微調整しています。

　メッシュ（Grind Size）については、抽出秒数を無視してまずはフレーバーが十分出るメッシュまで細く挽きます。最上限は粉がダマ（Crump）にならないところです。ダマになってしまうと、水が粉全体に行きわたらないで特定の経路で流れてしまうチャネリング（Channeling）が発生してしまうので、基本的にそれ以上は細かくしません。その後少しずつメッシュを粗くして苦味を落としていき、フレーバーと酸味がきれいで甘味が残る地点まで調整します。

　伝統的なエスプレッソは推奨抽出時間（約25秒）が設定されていますが、これに従うと、メッシュを変えざるを得ません。RDCではあくまで得られたテイストの結果に対してメッシュ調整をしているので、現在は結果的に16秒程度の抽出時間になっています。

　ポルターフィルター内の粉の分配（Distribution）はドーシングカップを使い、その後OCD（Ona Coffee Distributor）などのレベラーを使ってレベリング（Leveling）しています。タンピング（Tamping）はあくまで粉がまとまる程度にとどめ、必要以上に力を込めて行う事はしていません。

　水の温度はフレーバーを失わない範囲で苦味がどの程度軽減されるかを焦点に調整しました。あまり下げすぎるとフレーバーやテイスト全体が弱くなってしまいます。RDCは90℃を一応のターゲットにしています。温度が少し低いので炭酸ガスが少なくなり、クレマは減りました。

　苦味はエスプレッソにおいては必要なものとされていますが、やはり低いに越した事はありません。甘味がある程度付

加できる範疇で苦味の許容度を設定しています。

　抽出圧力はエスプレッソのテイストバランスと質感に大きく影響を及ぼします。RDCのコーヒーは浅煎りでガスが少なく、水温が低いので抽出時間がかなり短いです。通常の9気圧の場合、抽出時間があまりにも短すぎてテイストが不足（未抽出＝Under Extraction）してしまったので、5.5気圧まで大幅に下げて抽出時間を稼ぐ事でテイストを引き出しました。

　なお圧力を下げると乳化が促進されないので、エスプレッソのクレマは激減し、サラサラした液体になります。RDCではクレマに必要性を感じていないので、なくても特に問題にはしていませんが、これ以上圧力を下げると過抽出になって、舌触り（Texture）がざらついてしまうので、スムースな口当たりを達成できる範疇を下限に圧力設定する事にしました。

　以上がRoast Design Coffeeのエスプレッソ調整です。かなり異端に見えますが、きちんとした意図があってそれに伴う調整を行っている点で大いにBrew Designを活用しているのです。

　結果的にEY（収率）はハンドドリップ、エスプレッソ共に14.3%程度を維持していました。あくまでテイスティングによってそれぞれのBrew Designを行いましたが、ある意味この値が現在のRDCの味づくりにおける抽出方針を示していると言えるかもしれません。

・・・・・・・・

　こうしてRDCのBrew Designについてお話してきました
が、競技会などでセッティングする場合はきちんと大会の評
価軸を考察し、評価されるテイストのレンジを見極めて、素
材準備、器具、グラインダー、抽出方法などを厳密にセット
アップしていきます。

　今まであまり個別の要素を段階的に述べた抽出の書籍があ
りませんでしたが、ぜひこのBrew Designで皆様が思い描
くコーヒーの抽出を楽しんでいただける事を願っています。

〜＊〜インターミッション〜＊〜

Coffee Fanatic流アイスコーヒーの作り方

　最近では欧米でも冷たいコーヒーを飲む習慣が増えましたが、実はアイスコーヒーは日本で誕生したコーヒーの飲み方です。

　それまでコーヒーは"温かい飲み物"である事が基本だったので、飲料としての歴史を考えると、意外と歴史の浅い飲み方だとも言えますね。

　正確なところを言うと、現在欧米でトレンドになっているアイスコーヒーは水出しコーヒーです。それも"Cold Brew"と言うのですが、最近ではロースターさんが自前で充填を行い、"Cold Brew缶コーヒー"として販売していたりします。

　日本だと缶コーヒーは低級品的なイメージが強いのですが、アメリカでは逆にトレンドになっていて、まるでクラフトビールのような展開がなされていますね。コーヒーの煎り具合はやや深めで、多くは窒素ガスを添加しているため泡立ちがクリーミーで、さながらイギリスのスタウトビールのような味わいが特徴です。

・・・・・・

　話を普通のアイスコーヒーに戻しますが、現在最も一般的な作り方は、濃いレシピのコーヒーを氷の上にドリップして

冷やしながら同時に薄めていく"急冷式"だと思います。

　割合すぐ冷えて早く提供する事ができるのですが、実はなかなか品質が安定しません……。色々問題があるのですが、ざっと以下の点が挙げられます。

　・基本的に未抽出（Under）のコーヒーである
　・薄める氷の分量を正確に計量できない
　・提供時にさらに氷を入れるので、どんどん薄まっていく

　まず濃いコーヒーを抽出するにあたって、粉の量を2倍程度に増やすことが多いのですが、これだとTDSに対してのCBRが低いので未抽出になってしまいます。また溶かし込む氷に関しても、一つ一つ形が異なり、重さが違うので、ぴったりした計量を行うのが困難です。さらにもともと未抽出なので、濃いわりに味の出きっていないコーヒーに氷を入れて出すと余計に味が希薄になります（笑）。

　という事で意外と不安定な飲み物なんですね。アイスコーヒーって。

　ではRoast Design Coffeeではどのように提供しているかと言うと……。

　"ホットコーヒーを抽出して冷やす"

　これだけです…………（笑）

　カラフェに抽出したホットコーヒーを、カラフェごと氷水のバットにいれて急冷します。そして粗熱が取れたら冷蔵庫に入れます。

　このやり方は昔、生豆の営業をしていた時にロースターのお客さんに教わったやり方で、その方は「普通に抽出して、粗熱とって冷やしたらいいんだよ」とおっしゃっていました。簡単なのですが、意外とこういう作り方はやったことがありませんでした。盲点でした。

　この方法で作ったアイスコーヒーは甘さとボディーがしっかりするだけでなく、コーヒーの持つフレーバーがかなり強くなります。

　なお、かなり意外なのですが、このアイスコーヒー……お客様にお出しするとたまに水出しコーヒーと間違われます。味わいが似ているのでしょうね。実際、水出しコーヒーも長時間掛けてじっくり抽出するので、抽出状態は結構進んでいることが窺われます。

　全く水出しの要素はないのですが面白いですね!!

　結局Roast Design Coffeeでも最後に氷を入れて出していますが（あらあら）、皆さんもぜひ一度、"ただ冷やすだけ"のアイスコーヒーを試してみたら如何でしょうか？

【あとがき】

　振り返ってみれば今に至るまで、まさにあっという間という感じで、よくもまあ色々ため込んできなぁ……（笑）と思います。

　コーヒーの道を志した当時はあまり情報がなく、英語のサイトや文献を読み漁る日々でした。こうしてみると執筆している間はまるで、昔の自分に向けて書いているような錯覚を覚えました。本書はほぼ自分が知りたかった事や整理したかった事だらけですが、おかげで大分頭の中がすっきりしました。

　前職のワタル株式会社にたどり着くまでには紆余曲折がありましたが、なんとかなったのは本当に今考えても運がよかったと思います。

　入社後は急激に情報量が増え、得られる情報を如何にお客様にお伝えするかが課題でもありました。在職期間中にも様々なコーヒーや機械が発明されましたが、この業界は現在進行形でなおも活気のある業界です。

　最近のコーヒー業界の進化はとても早いので、この本もしばらくすると時代遅れな感じになるかと思いますが、とりあえずは今の時点で最新の情報を載せたつもりです。

　うまく説明できなかった部分、分かりづらい部分、多々あったかと思いますが、本書がコーヒーラバーの皆様のお力になれたのであれば幸いです。

それでは最後に…………

私のお尻をピシピシ叩き（/ω＼）……日々叱咤激励して
くれた愛すべき我が妻（三神仁美＝自称RDC社長）
　両親、弟
　ワタル株式会社の皆様
　ご指導賜りましたコーヒー業界の先達の方々
　コーヒー生産地のアミーゴ達
　前職（今も）でお世話になったお取引様各位
　私が営業担当させていただいたロースターのお客様方
　私を焙煎コーチに指名していただいた歴代焙煎日本チャン
ピオンの皆様
　こんな読みづらい本なのに出版をご提案くださいました株
式会社文芸社様
　そしてコンサルタントとして活動するにあたって大変お世
話になっております、名伯楽、阪本善治氏

　以上の方々と、読者の皆様に謝辞を述べて本書の結びとさ
せていただきます。

　　　　・・・・・・・
　　　　・・・・・・・
　　　　・・・・・・・

ありがとうございました！！（・ω・）ノ
ふぁなてぃっく三神

参考文献

【書籍】

阪本義治『新しいバリスタのかたち』旭屋出版
中村弘『トコトンやさしい味の本』日刊工業新聞社
佐藤秀美『おいしさをつくる「熱」の科学』柴田書店
Getu Bekele, Timothy Hill, *A Reference Guide to ETHIOPIAN COFFEE VARIETIES*

【ウェブサイト】

Cup of Excellence
        https://allianceforcoffeeexcellence.org/
Specialty Coffee Association
        https://sca.coffee/
Specialty Coffee Association of Japan
        http://scaj.org/
World Coffee Events
        https://worldcoffeeevents.org/
World Coffee Research
        https://worldcoffeeresearch.org/
Daily Coffee News
        https://dailycoffeenews.com/
Cropster
        https://www.cropster.com/
VST
        https://store.vstapps.com/

【三神亮　プロフィール】

　Starbucks Coffee Japan、ワインショップ等の勤務を経て、コーヒー生豆輸入専門商社であるワタル株式会社に入社。営業職として従事する。その間コーヒーの品評から焙煎抽出に至るまで様々な知識／スキルを獲得し現在に至る。生豆提案販売、生産国買い付け、消費国視察、セミナー、競技会コーチングなど多岐にわたる業務に従事。世界の焙煎競技会World Roasting Championshipの日本代表コーチを6度にわたり拝命する。Roast Design Coffee品質設計／商品開発。コーヒーコンサルタントとしての活動を行い、Coffee Fanatic 三神のペンネームにて執筆活動中。

Roast Design Coffee
　　　　https://roastdesigncoffee.com/

新しいコンセプトのコーヒーの開発
　・ウイスキーなどのスピリッツを使用した"Infusion Coffee Series"
　・ビールサーバーのシステムを使用した炭酸ガスコーヒー "Draft Coffee"

Roast Design Coffeeブログ
　　　　https://coffeefanatics.jp/
COFFEE FANATICS（コンサルティングサイト）
　　　　https://cf.roast-design-coffee.com/
CAMPFIREオンラインサロン

https://community.camp-fire.jp/projects/view/202585

Facebook

https://www.facebook.com/ryo.mikami.714

Instagram

https://www.instagram.com/coffeefanatic_mikami/

Twitter

https://twitter.com/RyoMikami_CF

Coffee Fanatic三神の
スペシャルティコーヒー攻略本

"コーヒー・ファナティクス"（概論／焙煎／抽出）

2022年3月15日　初版第1刷発行
2024年8月15日　初版第7刷発行

著　者　三神 亮
発行者　瓜谷 綱延
発行所　株式会社文芸社
　　　　〒160-0022　東京都新宿区新宿1－10－1
　　　　　　　　　電話　03-5369-3060（代表）
　　　　　　　　　　　　03-5369-2299（販売）

印刷所　株式会社暁印刷

ISBN978-4-286-23435-9

Home-Barista.com

    https://www.home-barista.com/

全日本コーヒー協会

    http://coffee.ajca.or.jp/

ENOTECA Online

    https://www.enoteca.co.jp/article/archives/18005/

Roast Design Coffee ブログ

    https://coffeefanatics.jp/

トリムミズラボ

    https://www.nihon-trim.co.jp/media/26681/

【セミナー／プレゼンテーション】

Optimizing Roasting:Techniques for Creation of Exemplary Flavor 2009/ Mr. Paul Songer

（焙煎の最適化：模範的風味の創造技術）

Algunos Aspectos Sobre Tueste 2014/ Mr. Wayner Jiménez A.

（コーヒーの焙煎における幾つかの側面）

【PDF資料】

World Barista Championship Rule & Regulation 2021

World Coffee Roasting Championship Rule & Regulation 2021

日本食行動科学研究所『食行動 くらしと化学』（CHA22号）